21 世纪应用型人才系列教材·计算机类

网络空间安全技术

主 编 覃 琛 何昌武 邓力高

电子科技大学出版社

University of Electronic Science and Technology of China Press

·成都·

图书在版编目（CIP）数据

网络空间安全技术 / 覃琛，何昌武，邓力高主编
. — 成都 ：电子科技大学出版社，2021. 11
ISBN 978-7-5647-0997-6

Ⅰ. ①网… Ⅱ. ①覃… ②何… ③邓… Ⅲ. ①计算机
网络－网络安全－职业教育－教材 Ⅳ.①TP393.08

中国版本图书馆 CIP 数据核字(2021)第 237290 号

网络空间安全技术
WANGLUO KONGJIAN ANQUAN JISHU
覃 琛 何昌武 邓力高 主编

策划编辑 汤云辉
责任编辑 刘 凡

出版发行 电子科技大学出版社
　　　　成都市一环路东一段 159 号电子信息产业大厦九楼 邮编 610051
主 页 www.uestcp.com.cn
服务电话 028-83203399
邮购电话 028-83201495

印 刷 北京荣玉印刷有限公司
成品尺寸 185mm×260mm
印 张 11.25
字 数 300 千字
版 次 2021 年 11 月第 1 版
印 次 2021 年 11 月第 1 次印刷
书 号 ISBN 978-7-5647-0997-6
定 价 45.00 元

前　言

当前，信息技术正在深刻影响人们的工作和生活方式。特别是近年来，以移动互联网、云计算、大数据、物联网、人工智能为代表的新一代信息技术快速发展，对经济社会各领域正在产生革命性的影响。一方面，信息技术为发展带来难得的机遇，但另一方面，危害信息安全的事件不断发生，敌对势力的破坏、黑客入侵、利用计算机实施犯罪、恶意软件侵扰、隐私泄露等，是我国信息网络空间正在面临的威胁和挑战，信息安全已成为现代社会发展必须认真研究的重要课题。随着计算机和网络在军事、政治、金融、工业、商业等领域的广泛应用，社会对计算机和网络的依赖越来越强，如果计算机和网络系统的安全受到破坏，不仅会带来巨大的经济损失，还会引起社会混乱。因此，确保信息安全已成为人们关注的社会问题。

全国职业院校技能大赛是由教育部发起，联合 37 个部委、行业组织和地方共同举办的一项全国性技能竞赛活动。大赛作为我国职业教育一项重大制度设计，基本形成了国家、省、市、校的四级竞赛体系，已成为职业院校学生切磋技能、展示成果的亮丽舞台，也是总览中国职业教育发展水平的一个重要窗口。

2014 年，习近平总书记在全国网络安全与信息化领导小组会议上指出：没有网络安全就没有国家安全，没有信息化就没有现代化。网络安全和信息化是事关国家安全和国家发展、事关广大人民群众工作生活的重大战略问题，要从国际国内形势出发，总体布局，统筹各方，创新发展，努力把我国建成网络强国。

2015 年，"网络空间安全"一级学科的设立标志着网络空间安全进入了新的教学阶段，体现了网络空间安全在国家教育体系中的地位。2016 年，中央网信办与发改委、教育部等六部门联合印发《关于加强网络安全学科建设和人才培养的意见》，进一步说明国家对于培养网络安全实战型人才的迫切要求。

2017 年，浙江省率先启动了网络空间安全终身教育工程，尤其是将青少年网络安全教育提升到战略高度，有助于青少年建立对网络空间安全知识框架的基本认知。本书就是在此背景下编写的。本书主要介绍网络空间安全的基本概念，有关网络空间安全的法律条文；网络空间安全的基本构成，组成网络空间的软件和硬件设备功能及使用方法；网络中的信息受到哪些威胁，如何保护各类信息的安全；计算机和网络中密码的组成及使用；大数据安全以及云计算安全等内容。

由于编者水平有限，书中不妥或疏漏之处在所难免，希望广大读者批评指正，若读者发现疏漏，恳请您于百忙之中及时与编者和出版社联系，以便尽快更正，编者将不胜感激。

编　者

2021 年 9 月

目　　录

第 1 章　网络空间安全概述

1.1　网络空间安全基础知识

1.1.1　网络空间安全概念

各国对网络空间的定义各有不同。

2008 年，美国总统布什发布的 54 号国家安全总统令、23 号国土安全总统令将网络空间界定为：互相依赖的信息技术基础设施，包括互联网、电信网、计算机系统以及关键行业中的嵌入式处理器和控制器。"网络空间"这个词还常用于指信息和人们互动的虚拟环境。

《加拿大安网络安全战略》（2010）将网络空间定义为：由互联网的信息技术网络和其上的信息构成的电子世界。网络空间是一个全球公域，能把几十亿人连接在一起，交换想法、提供服务和增进友谊。

《德国网络安全战略》（2011）将网络空间定义为：全球范围内在数据层连接的所有 IT 系统组成的虚拟空间。网络空间的基础是互联网这一普遍的和公开的可接入和传输信息的网络，该网络可由任意数量的数据网络进行补充和进一步扩大。孤立的虚拟空间中的 IT 系统不属于网络空间的组成部分。

《法国信息系统防卫和安全战略》（2011）将网络空间定义为：由世界互联的基础设施、电信网络和计算机处理系统组成的进行在线通信的全球网络。

《英国网络安全战略》（2011）将网络空间定义为：由数字网络组成的交互式领域，用于存储、修改和交流信息。它包括互联网，还包括其他支撑商业、基础设施和服务的信息系统。

国际标准化组织《信息技术－安全技术－网络安全指南》（ISO/IEC 27032:2012）中将网络空间定义为：通过连接到互联网上的技术设备和网络，由互联网上人们的互动、软件和服务所形成的不具有任何物理形态的合成环境。

通用的网络空间安全定义是，由互联网、通信网络、计算机系统、自动化控制系统、数字设备及其承载的应用、服务和数据等组成的相关安全。网络空间安全涉及网络空间中的电子设备、电子信息系统、运行数据、系统应用中存在的安全问题，分别对应 4 个层面：设备、系统、数据和应用。这里面包含两部分工作：

（1）防治、保护、处置包括互联网、电信网、广电网、物联网、工控网、在线社交网络、计算机系统、通信系统、控制系统等在内的各种通信系统及其承载的数据不受损害。

（2）防止因信息通信技术系统的滥用所引发的政治安全、经济安全、文化安全和国防安全等问题的发生。既要保护系统本身，也要防止利用信息系统带来的安全问题。针对这些风险，要采取法律、管理、技术、自律等综合手段来应对（图 1-1），而不能单一地说信息安全主要采取的是技术手段。

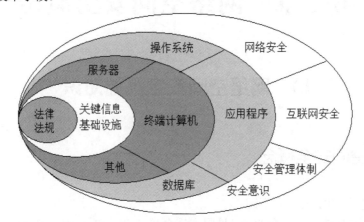

图 1-1　综合手段应对网络安全问题

1.1.2　网络空间的起源

1984 年，移居加拿大的美国科幻作家威廉·吉布森（William Gibson）写下了一部长篇小说《神经漫游者》。小说出版后，好评如潮，并且获得多项大奖。故事描写了反叛者兼网络独行侠凯斯受雇于某跨国公司，被派往全球电脑网络构成的空间里，执行一项极具冒险性的任务。进入这个巨大的空间，凯斯并不需要乘坐飞船或火箭，只需在大脑神经中植入插座，然后接通电极，电脑网络便被他感知。当网络与人的思想意识合而为一后，即可遨游其中。在这个广袤空间里，看不到高山荒野，也看不到城镇乡村，只有庞大的三维信息库和各种信息在高速流动。吉布森把这个空间取名为"赛伯空间"（Cyberspace），也就是"网络空间"。

1.1.3　网络空间安全特点

（1）网络空间安全的问题越来越动态了，已经不是静态的了。网络的管理本就是一个巨大的难题，很多网络故障是无法重现的，网络安全更是难上加难。很多网络空间安全的事件是动态发生的，很多时候也是无法重现的，这为解决网络安全问题带来极大的挑战。

（2）网络空间安全是整体性的、不可分割的，许多网络威胁涉及网络空间的各个方面，如计算系统方面、网络方面、应用方面，等等。

（3）维护整个网络的安全需要高成本的投入，任何解决方案都是相对的，在成本有限的情况下，如何尽可能安全，是另外一个需要平衡的问题。

信息安全依旧是网络空间安全的核心内涵，如果没有信息安全，那就不会有网络空间安全。传统的信息安全强调信息（数据）本身的安全属性。

信息的完整性：信息是正确的、真实的、未被篡改的、完整无缺的。

信息的可用性：信息可以随时正常地使用。

信息的秘密性：信息是拥有者的隐私，未授权者是不能知晓的。

网络空间需要通过计算机基础设施和通信线路来实现。换句话说，它是在计算机上运行的。然而计算机内包含什么样的信息才是其真正的意义所在，并且以此作为网络空间价值的衡量标准。它具有如下重要特点：一是信息以电子形式存在；二是计算机能对这些信息进行处理（如存储、搜索、索引、加工等）。

现在，网络空间已成为由计算机及计算机网络构成的数字社会的代名词。从理论上讲，它是所有可利用的电子信息、信息交换以及信息用户的统称。

1.1.4　网络空间的重要性

信息的电子编码不是在实体媒介，而是在网络空间内部完成的，从而使数据的相互交换更为广泛，这是信息社会的基础。信息社会是在三十多年前由所谓的新时代学者，诸如麦克卢汉、约翰·奈斯比特，阿尔文·托夫勒和唐·泰普斯科等提出的。建立信息社会的前提是信息本身具有经济价值，从而使得信息也具有军事价值。信息的利用率和利用效率越高，人们从中得到的利益就越大。

1.1.5　信息是网络空间的流通货币

由于网络空间处理的是信息，所以，自然而然决定了它所处的特定网络空间的"组织结构"。换句话说，我们可以认为信息也有"价值"，它的价值取决于作为独立终端的信息片段时具有有用性以及与其他信息的关联方式时的使用价值，即信息的可获得性和有用性决定了它的价值。

例如，一个企业内部网的网页内容如果为其他信息带来同样或更大的价值，那么它也因此而具有了价值。同样地，假如它是其他信息的复制品或与其他信息相矛盾，那么它也就失去了价值。脱离与其他信息的关系，网络空间信息的价值通常会随时间流逝而降低，这是因为信息有更多机会用于别的地方。

1.1.6　网络空间塑造权威

尽管信息在网络空间中具有价值，但它更主要是通过影响权力来塑造权威。

经济学家把信息归为三类：自由信息、商业信息、战略信息。自由信息是指所有人都可利用的信息；商业信息是指人们愿意出钱购买的信息；战略信息是指只有特定的委托人才能获得的信息。抛开网络空间的背景而言，战略信息的价值最具说服力，因为只有特定的委托人能获取，所以这些人能对那些无法获取战略信息的人施加特权和影响。战略信息持有者就像一个看门人，可以根据自己的目的使用这些信息。

网络空间的出现已经改变了力量的平衡，并为信息广泛而自由地传播提供了一个平台。以前，我们通过看门人筛选和过滤有价值的信息；而现在，我们可以完全地避开他们，从而进行对等的信息交流。照此模式，如果我们把战略信息载入网络空间而不加任何防护，那么它就会立即贬值，因为它可以被网络空间上的每一个人使用而变得毫无用处。此外，自由地获取信息意味着信息将变得更加容易得到以及可能会传播给更大范围的用户。

这种情形对社会产生了影响，尤其是对虚拟社区产生了深远的影响。不管是支持军事行动的专用网络还是民用的互联网，网络空间把人们连接在一起。军事网络空间的用户是平等的；他们的目的是致力于特定的军事行动。网络空间的使用者的数量更加庞大，不仅是使用目的多样化，而且交流形式也多样化。

就拿互联网来说，它在全世界二百多个国家和地区拥有大约 50 亿用户，把地球变成了一个虚拟的村庄。不管你在什么地方，人们都可以相互交流。因此，人们可以建立或加入某个由具有共同兴趣的人组成的网络社区。像 Facebook、Instagram、微信、抖音等基于网络社区的软件的普及，表明了网络空间具有把人们聚集在一起的能力。

1.2　网络空间威胁

网络空间被视为继陆、海、空、天之后的"第五空间"，网络空间安全问题给国家安全和军事信息安全带来了新的挑战。

现代战争是信息化战争，网络是敌对双方借以获取信息优势的制高点，网络攻击与防护已成为作战的新模式，即网络战。网络战是为干扰、破坏敌方网络信息系统，并保证己方网络信息系统的正常运行而采取的一系列网络攻防行动。它正在成为高技术战争中一种日益重要的作战形式，通过破坏敌方的指挥控制、情报信息和防空等专用网络系统，可以悄无声息地破坏、控制敌方的军用、民用网络系统，不战而屈人之兵。

美国于 2003 年 2 月 14 日正式将网络安全提升至国家安全的战略高度，并发布了《国家网络安全战略》，从国家战略的全局谋划网络的正常运行并确保国家和社会生活的安全稳定。2005 年 3 月，美国国防部公布的《国家战略报告》中明确将网络空间和陆、海、空以及太空定义为同等重要的、需要美国维持决定性优势的五大空间。要实现军队的信息化建设和信息安全保障现代化，网络空间是必要的载体和物质基础。网络空间与信息安全保障已休戚相关，一旦突破网络空间的防线，信息安全就面临严重考验和威胁。因此，展开对基于网络空间的信息安全特点、任务及潜在威胁研究，找出相应的防御对策和发展方向，对于提高网络空间的信息安全具有非常重要的意义。

相比之下，我国的网络空间安全状况要比美国严峻得多。这是因为，长期以来，我国信息化建设缺乏核心技术，信息技术自主创新能力不足，对发达国家的信息技术与装备存在较强的依赖性，始终没有摆脱"受控于人"和"受制于人"的被动状态与危险局面。我国在网络空间安全领域面临的隐患更多、风险更大，尤其在信息化战争的情况下，我国的军事、情报、金融等关键网络系统的安全性与可靠性尤其令人担忧。

一般地，我们将所有影响网络正常运行的因素称为网络空间安全威胁，从这个角度讲，网络安全威胁既包括环境因素和灾害因素，也包括人为因素和系统自身因素。

1.2.1　环境因素和灾害因素

网络设备所处环境的温度、湿度、供电、静电、灰尘、强电磁场、电磁脉冲等，自然灾害中的火灾、水灾、地震、雷电等，均会影响和破坏网络系统的正常工作，针对这些非人为的环境因素和灾害因素，目前已有比较好的应对策略。

1.2.2　人为因素

多数网络安全事件是由于人员的疏忽或黑客的主动攻击造成的，也就是人为因素，主要包括：①人为的恶意攻击、违纪、违法和犯罪等；②工作疏忽造成失误，对网络系统造成不良后果。此类因素是网络空间安全防护要重点关注的威胁。

1.2.3　系统自身因素

系统自身因素是指网络中的计算机系统或网络设备因自身的原因导致网络不安全。主要包括：①计算机硬件系统的故障；②各类计算机软件故障或安全缺陷，包括系统软件、支撑软件和应用软件；③网络和通信协议自身的缺陷也会导致网络安全问题。

总之，威胁网络空间的安全因素很多，但根本的原因是系统自身存在的安全漏洞及人为故意破坏，从而导致网络空间面临巨大威胁。

1.3　我国网络信息安全现状

由于我国网络信息技术发展起步晚，技术人才欠缺，导致我国网络信息的安全处于相对脆弱的阶段。就近几年的网络信息安全性调查而言，网络信息安全问题依然突出，造成的危害和损失不容忽视。以下为近年来我国网络信息安全的新特点。

（1）近年来，网络威胁越来越多样化，且经济利益成为进行网络攻击的最大诱惑。网络欺骗手段不断升级，勒索软件、网游盗号及网银盗号木马等不断出现，足以说明这些网络欺骗的发生，是受经济利益的驱使。此外，有些黑客以团体或者组织的形式，制作并散播恶意代码或破坏性病毒，从而获取所需信息，达到攻击的目的。网络攻击已由最初的对网络技术的追求，向非法牟取经济利益的方向转变。现在不仅病毒的功能越来越强大，其隐蔽和自我保护能力也是越来越强，以致病毒可以不断通过网络系统及可移动设备进行传播。

（2）目前网络安全漏洞数量居高不下。往往是旧的漏洞被修补之后，又出现新的、危害更严重的安全漏洞。更严重的是，有些黑客组织或者网络技术人员发现新的安全漏洞后，不及时公布，而是自己利用完这些漏洞后才发布出来。此外，一些管理人员没有及时对网络系统进行升级和维护，使得网络系统门户大开，造成大量安全漏洞。而且日益增加的流氓软件也给网络秩序造成很大影响。那些流氓软件在进行安装或者下载时，会擅自安装或上传某些文件。这些软件会做些不为人知的事情，给毫无察觉的用户造成很大的危害。

（3）全社会的网络信息安全意识淡薄。目前，虽然我国不断强调要提高信息安全意识，但在实际问题中，网络攻击大多还是由网络管理不到位或疏忽引起的，甚至许多企业的计算机系统忽视防御网络的设置，或者随意改变安全策略，以致管理不善，从而引发网络安全威胁。这些都是网络安全意识淡薄引起的。

1.4　网络安全存在的主要威胁及其产生的原因

网络安全威胁是网络安全问题产生的根源和表现形式，也是网络安全的重要内容。网络安全威胁种类繁多，以下列举几种主要威胁及其原因。

1. 失泄密

失泄密是指计算机网络系统中的信息，尤其是敏感信息被非授权用户通过侦收、截获、窃取或分析破译等手段恶意获得，造成信息泄露的事件。失泄密发生后，计算机网络一般还可以正常工作，所以，失泄密事故通常不易被察觉，但失泄密所产生的危害较大，且持续时间很长。失泄密主要通过电磁辐射泄漏、传输过程中失泄密、破译分析、内部人员的泄密、非法冒充及信息存储泄露这六种途径发生。

2. 信息破坏

信息破坏是指计算机网络信息系统中的信息，由于偶然事故或人为破坏，被恶意修改、添加、伪造、删除或者丢失。

信息破坏主要分为六个方面：硬件设备的破坏；程序的破坏；通信干扰；返回渗透；非法冒充；内部人员造成的信息破坏。

3. 电脑病毒

计算机病毒是指恶意编写的对计算机功能、计算机数据及计算机使用造成不利影响，并且能够自我复制的一组计算机程序代码。计算机病毒具有以下特点：

（1）寄生性；

（2）繁殖力强；

（3）潜伏期特别长；

（4）隐蔽性强；

（5）破坏性强；

（6）可触发性。

网络信息安全威胁产生的原因，除了上述人为因素外，网络自身存在的安全隐患也密切相关。其存在的安全隐患有如下两点：

（1）系统的开放性。

开放、共享是计算机网络系统的基本目的和优势，但是随着开放规模越来、开放对象的多样化、开放系统应用环境的改变，简单的开放已不切实际。而这也导致相当一部分网络安全威胁的产生。

（2）系统的复杂性。

复杂性是信息技术的基本特点，其规模庞大的特性本身就意味着存在设计隐患，而设计环境和应用环境的不同，更是导致设计过程不可能达到完美。软件漏洞、硬件漏洞、设计缺陷等也是典型的由于系统复杂性而产生的网络安全威胁。

1.5　我国网络信息安全的对策

1.5.1　网络信息安全的管理

网络信息安全问题，首先应考虑管理方面。由于我国网络信息安全行业的发展还处于初级阶段，其管理工作尤为重要。

首先，根据管理流程进行管理操作。内网出现的危险性，主要表现在违规使用网络，例如越权查看和使用某些业务，篡改机密文件或重要文库的设置，甚至恶意破坏内网中计算机及网络。

其次，对系统进行连续性管理。系统或者网络管理人员，要将系统设置成系统备份和恢复策略，从而可以更好地进行连续性管理，并防止因自然原因、意外事故、设备问题及恶意破坏，造成系统不能正常运行。

再次，管理人员要进行安全与日常操作管理。管理人员是进行系统管理的核心，这就要求管理人员兼具足够的技术能力，以及良好的网络信息安全意识。因而，企业或者公司在选取管理人员时，应将这两方面因素都考虑在内。此外，对工作人员的安全教育及相关培训，有助于提高其在保障网络信息安全工作中的责任感，执行安全的网络策略，从而减少网络信息安全漏洞。

1.5.2　网络信息安全的保护措施

为了尽量减少计算机或网络系统受到的网络威胁，这几年来针对不同的网络信息安全威胁，研发出了许多技术性产品。

（1）防火墙。网络威胁主要来自互联网，利用防火墙对出入的网络信息进行判断与鉴别，可以有效地使内网或者计算机系统免于木马和病毒的侵害。

（2）VPN 设备。VPN 设备是一个代理服务器，计算机在传递网络信息时，先将信息传到 VPN 设备，然后再由 VPN 设备传给目的主机，以免计算机直接与互联网连接，这样可以避免黑客获得真正的主机 IP 地址，从而免受网络攻击。

（3）安全检测预警系统。该系统能够实时地监测在网络上传输的数据，且有效地找出具有网络攻击性质，以及违反本网络安全策略的数据，并提示管理者对其拦截、消除，同时记录每次拦截的相关数据。

（4）系统日志审查工具。计算机系统具有时刻记录日志的功能，该记录能够显示出该系统是否被黑客攻击过，以及系统中的安全配置被修改的历史信息。管理员经常查看系统日志，一定程度上可以及时发现系统是否存在漏洞，以及安全策略是否更改。授权和身份认证系统。该系统可以识别来访用户的身份，可以控制来访者的访问权限。而无法验证身份的用户，不能访问网络系统及相关操作。同时，该系统能够对传出的信息进行加密，对传入的信息进行解密。

总之，信息是社会发展的重要战略资源。信息安全对经济发展、国家安全甚至社会稳定的影响日益突出。信息安全问题的解决，将会影响社会信息化的进展，也将影响我国的政治、军事、经济、文化和社会生活各个方面。因此，信息安全问题应是我国信息化过程中首先要解决的问题。然而，我国目前的网络安全形势让人担忧，为了保护国家相关利益，应大力发展我国的高、精、尖的信息产业，尤其是基础部件和核心部件。只有研发自己的操作系统平台及应用软件，才能从根本上消除网络安全的隐患。

1.6　网络空间安全的法律和法规

在我国网络空间安全保障体系构成要素中，网络空间安全法规与政策为其他要素和网络空间安全保障体系提供必要的法律保障和支撑，是我国网络空间安全保障体系的顶层设计，对切实加强网络空间安全保障工作、全面提升网络空间安全保障能力具有重要意义。

网络空间安全事关国家安全和经济建设、组织建设与发展，我国从法律层面明确了网络空间安全相关工作的主管监管机构及其具体职权。

法律层面，在保护国家秘密方面有《中华人民共和国保守国家秘密法》等相关法律；在维护国家安全方面有《中华人民共和国国家安全法》等相关法律；在维护公共安全方面有《中华人民共和国治安管理处罚法》等相关法律；在规范电子签名方面有《中华人民共和国电子签名法》。

行政法规层面，有《中华人民共和国计算机信息系统安全保障条例》对计算机系统及其安全保护进行定义。

以下例举一些我国关于网络空间安全及信息安全相关法律法规。

1. 基本法律和国家战略（表 1-1）

表 1-1　基本法律和国家战略

名称	制定机关	施行日期	时效性
《国家安全法》	全国人大常委会	2015-7-1	现行有效
《网络安全法》	全国人大常委会	2015-6-1	现行有效
《全国人民代表大会常务委员会关于加强网络信息保护的决定》	全国人大常委会	2012-12-28	现行有效
《国家网络空间安全战略》	国家互联网络信息办公室	2016-12-27	现行有效
《网络空间安全合作战略》	外交部和国家互联网络信息办公室	2017-3-1	现行有效

2. 互联网信息内容管理制度（表 1-2）

表 1-2　互联网信息内容管理制度

名称	制定机关	施行日期	时效性
《互联网信息服务管理办法（2011 年修订)》	国务院	2011-1-8	现行有效
《互联网信息内容管理行政执法程序规定》	国家互联网络信息办公室	2017-6-1	现行有效
《互联网新闻信息服务管理规定》	国家互联网络信息办公室	2017-6-1	现行有效
《互联网新闻信息服务许可管理实施细则》	国家互联网络信息办公室	2017-6-1	现行有效

3. 个人信息保护相关的重要法规及规范性文件（表 1-3）

表 1-3　个人信息保护相关的重要法规及规范性文件

名称	制定机关	施行日期	时效性
《关于办理侵犯公民个人信息刑事案件适用法律若干问题的解释》	最高人民法院、最高人民检察院	2017-10-10	现行有效
《最高人民法院关于审理利用信息网络侵害人身权益民事纠纷案件适用法律若干问题的规定》	最高人民法院	2014-10-10	现行有效
《电信和互联网用户个人信息保护规定》	工业和信息化部	2013-9-1	现行有效
《互联网用户账号名称管理规定》	中国互联网信中心	2015-3-1	现行有效
《通信短信信息服务管理规定》	工业和信息化部	2015-6-30	现行有效
《网络预约出租汽车经营服务管理暂行办法》	交通运输部、工业和信息化部、公安部、商务部、工商总局、质检总局、国家网信办	2016-11-1	现行有效
《规范互联网信息服务市场秩序若干规定》	工业和信息化部	2012-3-15	现行有效

4. 信息系统安全等级保护相关法规及重要国家标准（表1-4）

表1-4　信息系统安全等级保护相关法规及重要国家标准

名称	制定机关	日期	时效性
《中华人民共和国计算机信息系统安全保护条例》	国务院	2011-1-8	现行有效
《信息安全等级保护管理办法》	公安部、国家保密局、国家密码管理局	2007-6-22	现行有效
《计算机信息系统安全专用产品检测和销售许可证管理办法》	公安部	1997-12-12	现行有效
《GA/T 708-2007 信息安全技术　信息系统安全等级保护体系框架》	公安部	2007-10-1	现行有效
《GA/T 708-2008 信息安全技术　信息系统安全等级保护基本模型》	公安部	2007-10-1	现行有效
《GB 17859-1999 计算机信息系统安全保护等级划分准则》	公安部	2001-1-1	现行有效
《GB/T 20269-2006 信息安全技术　信息系统安全管理要求》	全国信息安全标准化技术委员会	2006-12-1	现行有效
《GB/T 20271-2006 信息安全技术　信息系统通用安全技术要求》	全国信息安全标准化技术委员会	2006-12-1	现行有效
《GB/T 21052-2007 信息安全技术　信息安全系统物理安全技术要求》	全国信息安全标准化技术委员会	2008-1-1	现行有效
《GB/T 22239-2008 信息系统安全等级保护基本要求》	全国信息安全标准化技术委员会	2008-1-1	现行有效
《GB/T 25058-2010 信息安全技术　信息系统安全等级保护实施指南》	全国信息安全标准化技术委员会	2011-2-1	现行有效
《GB/T 22240-2008 信息安全保护等级定级指南》	全国信息安全标准化技术委员会	2008-11-1	现行有效
《GB/T 25070-2010 信息安全技术　信息系统安全等级保护安全设计技术要求》	全国信息安全标准化技术委员会	2011-2-1	现行有效

5．密码产品相关法规（表 1-5）

表 1-5　密码产品相关法规

名称	制定机关	施行日期	时效性
《商用密码管理条例》	国务院	1999-10-7	现行有效
《商用密码科研管理规定》	国家密码管理局	2006-1-1	现行有效
《商用密码产品生产管理规定》	国家密码管理局	2006-1-1	现行有效
《商用密码产品销售管理规定》	国家密码管理局	2006-1-1	现行有效
《商用密码产品使用管理规定》	国家密码管理局	2007-5-1	现行有效
《境外组织和个人在华使用密码产品管理办法》	国家密码管理局	2007-5-1	现行有效
《信息安全等级保护商用密码管理办法》	国家密码管理局	2008-1-1	现行有效
《信息安全等级保护商用密码管理办法实施意见》	国家密码管理局	2009-12-15	现行有效
《信息安全等级保护商用密码技术实施要求》	国家密码管理局	2009-12-15	现行有效

练习题

一、简答题

1．网络空间安全定义是什么？
2．网络空间威胁有哪些因素？
3．网络安全存在哪几种主要威胁？
4．计算机病毒有哪些特点？

二、选择题

1．防火墙可以通过（　　）来实现内外网的访问控制。

A．路由表　　　　　B．控制表　　　　　C．访问控制列表　　　D．交换表

2．信息安全法律法规是从（　　）层面上，来规范人们的行为的。

A．道德　　　　　　B．法律　　　　　　C．人身安全　　　　　D．行为

3．违反国家规定，对计算机信息系统功能进行删除、修改、增加、干扰，造成计算机信息系统不能正常运行，后果严重的，处（　　）有期徒刑或者拘役。

A．五年以下　　　　B．五年以上　　　　C．三年以下　　　　　D．三年以上

4．从事国际联网业务的单位和个人应当接受（　　）的安全监督、检查和指导。

A．司法　　　　　　B．公安机关　　　　C．人民法院　　　　　D．法院

5．窃听（窃取）属于（　　）威胁。

A．可用性　　　　　B．可靠性　　　　　C．机密性　　　　　　D．完整性

第2章 网络空间的基本构成

网络空间的组成部分主要包括四个必备要素：通信线路和通信设备、有独立功能的计算机、网络软件软件支持、实现数据通信与资源共享。总的来讲，网络空间由提供信息传送的硬件系统和软件系统组成。

2.1 硬件构成

2.1.1 计算机硬件系统

网络中的计算机包括服务器、工作站、个人计算机等，都是由五个基本部分组成：运算器、控制器、存储器、输入设备和输出设备。

计算步骤的程序和计算中需要的原始数据，在控制命令的作用下通过输入设备送入计算机的存储器。当计算开始时，在取指令的作用下把程序指令逐条送入控制器。控制器向存储器和运算器发出取数命令和运算命令，运算器进行计算，然后控制器发出存数命令，计算结果存放回存储器，最后在输出命令的作用下通过输出设备输出结果。

1. CPU

中央处理器（Central Processing Unit，CPU），由运算器和控制器组成，是所有计算机系统中必需的核心部件。CPU 由运算器和控制器组成，分别由运算电路和控制电路实现。

运算器是对数据进行加工处理的部件，它在控制器的作用下与内存交换数据，负责进行各类基本的算术运算、逻辑运算和其他操作。在运算器中含有暂时存放数据或结果的寄存器。运算器由算术逻辑单元（Arithmetic Logic Unit，ALU）、累加器、状态寄存器和通用寄存器等组成。ALU 是用于完成加、减、乘、除等算术运算，与、或、非等逻辑运算以及移位、求补等操作的部件。

控制器是整个计算机系统的指挥中心，负责对指令进行分析，并根据指令的要求，有序地、有目的地向各个部件发出控制信号，使计算机的各部件协调一致地工作。控制器由指令指针寄存器、指令寄存器、控制逻辑电路和时钟控制电路等组成。

寄存器也是 CPU 的一个重要组成部分，是 CPU 内部的临时存储单元。寄存器既可以存放数据和地址，又可以存放控制信息或 CPU 工作的状态信息。

通常把具有多个 CPU 同时执行程序的计算机系统称为多处理机系统。依靠多个 CPU 同时并行地运行程序是实现超高速计算的一个重要方向，称为并行处理。

CPU 速度决定了网络空间中的信息处理的快慢。

2．存储器

计算机系统的一个重要特征是具有极强的"记忆"能力，能够把大量计算机程序和数据存储起来。存储器是计算机系统内最主要的记忆装置，既能接收计算机内的信息（数据和程序），又能保存信息，还可以根据命令读取已保存的信息。

存储器按功能可分为主存储器（简称主存）和辅助存储器（简称辅存）。主存是相对存取速度快而容量小的一类存储器，辅存则是相对存取速度慢而容量很大的一类存储器。

主存储器也称为内存储器（简称内存）。内存直接与 CPU 相连接，是计算机中主要的工作存储器。当前运行的程序与数据存放在内存中。

辅助存储器也称为外存储器（简称外存）。计算机执行程序和加工处理数据时，外存中的信息按信息块或信息组先送入内存后才能使用，即计算机通过外存与内存不断交换数据的方式使用外存中的信息。外存储器是整个网络空间所有信息保存的设备。

简单地说，存储器分为外存储器（硬盘、U 盘等）和内存储器（内存条、高速缓存 cache 等），CPU 处理所有数据都必须经过内存才可进入 CPU。

3．输入/输出设备

计算机中常用的键盘、鼠标、显示器以及打印机，是人们与计算机进行信息交流的输入/输出设备，通过这些设备人们可以在网络空间中得到自己需要的信息。

2.1.2　网络硬件系统

1．防火墙

1）防火墙的定义

防火墙指的是一个由软件和硬件设备组合而成，在内部网和外部网之间、专用网与公共网之间的界面上构造的保护屏障。它可通过监测、限制、更改跨越防火墙的数据流，尽可能地对外部屏蔽网络内部的信息、结构和运行状况，以此来实现网络的安全保护。

2）主要功能

（1）过滤进、出网络的数据；

（2）防止不安全的协议和服务；

（3）管理进、出网络的访问行为；

（4）记录通过防火墙的信息内容；

（5）对络攻击进行检测与警告；

（6）防止外部对内部网络信息的获取；

（7）提供与外部连接的集中管理。

3）主要类型

（1）网络层防火墙一般是基于源地址和目的地址、应用、协议以及每个 IP 包的端口来作出通过与否的判断。防火墙检查每一条规则直至发现包中的信息与某规则相符。如果没有一条规则能符合，防火墙就会使用默认规则，一般情况下，默认规则就是要求防火墙丢弃该包。此外，通过定义基于 TCP 或 UDP 数据包的端口号，防火墙能够判断是否允许建立特定的连接，如 Telnet、FTP 连接。

（2）应用层防火墙是针对特别的网络应用服务协议即数据过滤协议，并且能够对数据包分析并形成相关的报告。

（3）主动和被动。传统防火墙是主动安全的概念，是因为默认情况下是关闭所有的访问，然后再通过定制策略去开放允许开放的访问。

（4）下一代防火墙是全面应对应用层威胁的高性能防火墙，具有智能化主动防御、应用层数据防泄漏、应用层洞察与控制、威胁防护等特性。下一代防火墙在一台设备里面集成了传统防火墙、IPS、应用识别、内容过滤等功能，既降低了整体网络安全系统的采购投入，又省去了多台设备接入网络所需的部署成本，还通过应用识别和用户管理等技术降低了管理人员的维护和管理成本。

4）使用方式

防火墙部署于单位或企业内部网络的出口位置，但有一定的局限性：

（1）不能防止源于内部的攻击，不提供对内部的保护；

（2）不能防病毒；

（3）不能根据网络被恶意使用和攻击的情况动态调整自己的策略；

（4）本身的防攻击能力不够，容易成为被攻击的首要目标。

2．IDS（入侵检测系统）

1）IDS 的定义

入侵检测即通过从网络系统中的若干关键结点收集并分析信息，监控网络中是否有违反安全策略的行为或者是否存在入侵行为。入侵检测系统通常包含 3 个必要的功能组件：信息来源、分析引擎和响应组件。

2）工作原理

（1）信息收集。

信息收集包括收集系统、网络、数据及用户活动的状态和行为。入侵检测利用的信息一般来自：系统和网络日志文件、非正常的目录和文件改变、非正常的程序执行这三个方面。

（2）信号分析。

对收集到的有关系统、网络、数据及用户活动的状态和行为等信息，通过模式匹配、统计分析和完整性分析这三种手段进行分析。前两种用于实时入侵检测，完整性分析用于事后分析。

（3）告警与响应。

根据入侵性质和类型，做出相应的告警与响应。

3）主要功能

IDS 能够提供安全审计、监视、攻击识别和反攻击等多项功能，对内部攻击、外部攻击和误操作进行实时监控，在网络安全技术中起到了不可替代的作用。

（1）实时监测：实时地监视、分析网络中所有的数据报文，发现并实时处理所捕获的数据报文。

（2）安全审计：对系统记录的网络事件进行统计分析，发现异常现象，得出系统的安全状态，找出所需要的证据。

（3）主动响应：主动切断连接或与防火墙联动，调用其他程序处理。

4）主要类型

（1）基于主机的入侵检测系统（HIDS）。

基于主机的入侵检测系统是早期的入侵检测系统结构，通常是软件型的，直接安装在需要保护的主机上。其检测的目标主要是主机系统和系统本地用户，检测原理是根据主机的审计数据和系统日志发现可疑事件。这种检测方式的优点主要有：信息更详细，误报率低，部署灵活。这种方式的缺点主要有：会降低应用系统的性能；依赖于服务器原有的日志与监视能力；代价较大；不能对网络进行监测；需安装多个针对不同系统的检测系统。

（2）基于网络的入侵检测系统（NIDS）。

基于网络的入侵检测方式是目前比较主流的一种监测方式，这类检测系统需要有一台专门的检测设备。检测设备放置在比较重要的网段内，不停地监视网段中的各种数据包，而不是只监测单一主机。它对所监测的网络上的每一个数据包或可疑的数据包进行特征分析，如果数据包与产品内置的某些规则吻合，入侵检测系统就会发出警报，甚至直接切断网络连接。目前，大部分入侵检测产品是基于网络的。这种检测技术的优点主要有：能够检测那些来自网络的攻击和超过授权的非法访问；不需要改变服务器等主机的配置，也不会影响主机性能；风险低；配置简单。其缺点主要是：成本高，检测范围受局限；大量计算，影响系统性能；大量分析数据流，影响系统性能；对加密的会话过程处理较难；网络流速高时可能会丢失许多封包，容易让入侵者有机可乘；无法检测加密的封包；对于直接对主机的入侵无法检测出。

（3）主动被动。

入侵检测系统是一种对网络传输进行即时监视，在发现可疑传输时发出警报或者采取主动反应措施的网络安全设备。绝大多数 IDS 都是被动的。也就是说，在攻击实际发生之前，它们往往无法预先发出警报。

5）使用方式

作为防火墙后的第二道防线，IDS 适合以旁路接入方式部署在具有重要业务系统或内部网络安全性、保密性较高的网络出口处。

6）局限性

（1）误报率高：主要表现为把良性流量误认为恶性流量进行误报。还有些 IDS 产品会对用户不关心事件的进行误报。

（2）产品适应能力差：传统的 IDS 产品在开发时没有考虑特定网络环境下的需求，适应能力差。IDS 要能适应当前网络技术和设备的发展进行动态调整，以适应不同环境的需求。

（3）大型网络管理能力差：首先，要确保新的产品体系结构能够支持数以百计的 IDS 传感器；其次，要能够处理传感器产生的告警事件；最后，要解决攻击特征库的建立、配置以及更新问题。

（4）缺少防御功能：大多数 IDS 产品缺乏主动防御功能。

（5）处理性能差：目前的百兆、千兆 IDS 产品性能指标与实际要求还存在很大的差距。

3．IPS（入侵防御系统）

1）IPS 的定义

入侵防御系统是一种能够监视网络或网络设备的网络资料传输行为的计算机网络安全设备，能够即时地中断、调整或隔离一些不正常或是具有伤害性的网络资料传输行为。

2）产生背景

（1）串行部署的防火墙可以拦截低层攻击行为，但对应用层的深层攻击行为无能为力。

（2）旁路部署的 IDS 可以及时发现那些穿透防火墙的深层攻击行为，作为防火墙的有益补充，但很可惜的是无法实时地阻断。

（3）IDS 和防火墙联动：通过 IDS 来发现，通过防火墙来阻断。但由于迄今为止没有统一的接口规范，加上越来越频发的"瞬间攻击"（一个会话就可以达成攻击效果，如 SQL 注入、溢出攻击等），所以 IDS 与防火墙联动在实际应用中的效果不显著。

入侵检测系统（IDS）对那些异常的、可能是入侵行为的数据进行检测和报警，告知使用者网络中的实时状况，并提供相应的解决、处理方法，是一种侧重于风险管理的安全产品。

入侵防御系统（IPS）对那些被明确判断为攻击行为，会对网络、数据造成危害的恶意行为进行检测和防御，降低或是减免使用者对异常状况的处理资源开销，是一种侧重于风险控制的安全产品。

IDS 和 IPS 的关系，并非取代和互斥，而是相互协作：没有部署 IDS 的时候，只能是凭感觉判断，应该在什么地方部署什么样的安全产品；通过 IDS 的广泛部署，了解了网络的当前实时状况，可据此进一步判断应该在何处部署哪一类安全产品（IPS 等）。

3）功能

（1）入侵防护：实时、主动拦截黑客攻击、蠕虫、网络病毒、后门木马、Dos 等恶意流量，保护企业信息系统和网络架构免受侵害，防止操作系统和应用程序损坏或宕机。

（2）Web 安全：基于互联网 Web 站点的挂马检测结果，结合 URL 信誉评价技术，保护用户在访问被植入木马等恶意代码的网站时不受侵害，及时、有效地第一时间拦截 Web 威胁。

（3）流量控制：阻断一切非授权用户流量，管理合法网络资源的利用，有效保证关键应用全天候畅通无阻，通过保护关键应用带宽来不断提升企业 IT 产出率和收益率。

（4）上网监管：全面监测和管理 IM 即时通信、P2P 下载、网络游戏、在线视频，以及在线炒股等网络行为，协助企业辨识和限制非授权网络流量，更好地执行企业的安全策略。

4）技术特征

（1）嵌入式运行：只有以嵌入模式运行的 IPS 设备才能够实现实时的安全防护，实时阻拦所有可疑的数据包，并对该数据流的剩余部分进行拦截。

（2）深入分析和控制：IPS 必须具有深入分析能力，以确定哪些恶意流量已经被拦截，根据攻击类型、策略等来确定哪些流量应该被拦截。

（3）入侵特征库：高质量的入侵特征库是 IPS 高效运行的必要条件，IPS 还应该定期升级入侵特征库，并快速应用到所有传感器。

（4）高效处理能力：IPS 必须具有高效处理数据包的能力，对整个网络性能的影响保持在最低水平。

5）主要类型

（1）基于特征的 IPS：这是 IPS 解决方案中最常用的方法。把特征添加到设备中，可识别当前最常见的攻击。也被称为模式匹配 IPS。特征库可以添加、调整和更新，以应对新的攻击。

（2）基于异常的 IPS：也被称为基于行规的 IPS。基于异常的方法可以用统计异常检测和非统计异常检测。

（3）基于策略的 IPS：它更关心的是是否执行组织的安保策略。如果检测的活动违反了组织的安保策略就触发报警。使用这种方法的 IPS，要把安全策略写入设备中。

（4）基于协议分析的 IPS：它与基于特征的方法类似，大多数情况检查常见的特征，但基于协议分析的方法可以做更深入的数据包检查，能更灵活地发现某些类型的攻击。

（5）主动被动：IPS 倾向于提供主动防护，其设计宗旨是预先对入侵活动和攻击性网络流量进行拦截，避免它造成损失，而不是简单地在恶意流量传送时或传送后才发出警报。

6）使用方式

串联部署在具有重要业务系统或内部网络安全性、保密性较强的网络出口处。

4．漏洞扫描设备

1）漏洞扫描设备的定义

漏洞扫描是指基于漏洞数据库，通过扫描等手段对指定的远程或者本地计算机系统的安全脆弱性进行检测，发现可利用的漏洞的一种安全检测（渗透攻击）行为。

2）主要功能

漏洞扫描设备可以对网站、系统、数据库、端口、应用软件等一些网络设备应用进行智能识别扫描检测，并对其检测出的漏洞进行报警，提示管理人员进行修复。同时，可以对漏洞修复情况进行监督，并自动定时对漏洞进行审计，提高漏洞修复效率。

（1）定期的网络安全自我检测、评估。安全检测可帮助客户尽可能地消除安全隐患，尽早发现安全漏洞并进行修补，有效地利用已有系统，提高网络的运行效率。

（2）安装新软件、启动新服务后的检查。由于漏洞和安全隐患的形式多种多样，安装新软件和启动新服务都有可能使原来隐藏的漏洞暴露出来，所以进行这些操作之后应该重新扫描系统，才能使安全得到保障。

（3）网络承担重要任务前的安全性测试。

（4）网络安全事故后的分析调查。网络安全事故后可以通过网络漏洞扫描/网络评估系统分析确定网络被攻击的漏洞所在，帮助弥补漏洞，尽可能多地提供资料，方便调查攻击的来源。

（5）重大网络安全事件前的准备。重大网络安全事件前网络漏洞扫描/网络评估系统能够帮助用户及时找出网络中存在的隐患和漏洞，帮助用户及时弥补漏洞。

3）主要技术

（1）主机扫描：确定在目标网络上的主机是否在线。

（2）端口扫描：发现远程主机开放的端口以及服务。

（3）OS识别技术：根据信息和协议栈判别操作系统。

（4）漏洞检测数据采集技术：按照网络、系统、数据库进行扫描。

（5）智能端口识别、多重服务检测、安全优化扫描、系统渗透扫描。

（6）多种数据库自动化检查技术，数据库实例发现技术。

4）主要类型

（1）针对网络的扫描器：针对网络的扫描器就是通过网络来扫描远程计算机中的漏洞。其价格相对来说比较便宜；在操作过程中，不需要涉及目标系统的管理员，在检测过程中不需要在目标系统上安装任何东西；维护简便。

（2）针对主机的扫描器：针对主机的扫描器则是在目标系统上安装了一个代理或是服务，以便能够访问所有文件与进程，这也使得基于主机的扫描器能够扫描到更多的漏洞。

（3）针对数据库的扫描器：数据库漏扫可以检测出数据库的 DBMS 漏洞、默认配置、权限提升漏洞、缓冲区溢出、补丁未升级等自身漏洞。

5）使用方式

（1）独立式部署：在网络中只部署一台漏扫设备，接入网络并进行正确的配置即可正常使用，其工作范围通常包含用户企业的整个网络地址。用户可以从任意地址登录漏洞扫描系统并下达扫描评估任务，检查任务的地址必须在产品和分配给此用户的授权范围内。

（2）多级式部署：对于一些大规模和分布式网络用户，建议使用分布式部署方式。在大型网络中采用多台漏洞扫描系统共同工作，可对各系统间的数据共享并汇总，方便用户对分布式网络进行集中管理。

6）优缺点

（1）优点：有利于及早发现问题，并从根本上解决安全隐患。

（2）不足：只能针对已知安全问题进行扫描；准确性和指导性有待改善。

5. 安全隔离网闸

1）安全隔离网闸定义

安全隔离网闸是使用带有多种控制功能的固态开关读写介质连接两个独立网络系统的信息安全设备。由于物理隔离网闸所连接的两个独立网络系统之间，不存在通信的物理连接、逻辑连接、信息传输命令、信息传输协议，不存在依据协议的信息包转发，只有数据文件的无协议"摆渡"，且对固态存储介质只有"读"和"写"两个命令。所以，物理隔离网闸从物理上隔离、阻断了具有潜在攻击可能的一切连接，使黑客无法入侵、无法攻击、无法破坏，实现了真正的安全。

2）主要功能

安全隔离闸门的功能模块包括：安全隔离、内核防护、协议转换、病毒查杀、访问控制、安全审计、身份认证。

（1）阻断网络的直接物理连接：物理隔离网闸在任何时刻都只能与非可信网络和可信网络之一相连接，而不能同时与两个网络连接。

（2）阻断网络的逻辑连接：物理隔离网闸不依赖操作系统、不支持 TCP/IP 协议。两个网络之间的信息交换必须将 TCP/IP 协议剥离，将原始数据以 P2P 的非 TCP/IP 连接方式，通过存储介质的"写入"与"读出"完成数据转发。

（3）安全审查：物理隔离网闸具有安全审查功能，即网络在将原始数据"写入"物理隔离网闸前，根据需要对原始数据的安全性进行检查，把可能的病毒代码、恶意攻击代码消灭干净。

（4）原始数据无危害性：物理隔离网闸转发的原始数据，不具有攻击或对网络安全有害的特性。

（5）管理和控制功能：建立完善的日志系统。

（6）根据需要建立数据特征库：在应用初始化阶段，结合应用要求，提取应用数据的特征，形成用户特有的数据特征库，作为运行过程中数据校验的基础。当用户请求时，提取用户的应用数据，抽取数据特征和原始数据特征库比较，符合原始特征库的数据请求进入请求队列，不符合的返回用户，实现对数据的过滤。

（7）根据需要提供定制安全策略和传输策略的功能：用户可以自行设定数据的传输策略，如：传输单位（基于数据还是基于任务）、传输间隔、传输方向、传输时间、启动时间等。

（8）支持定时/实时文件交换；支持支持单向/双向文件交换；支持数字签名、内容过滤、病毒检查等功能。

3）工作原理

安全隔离网闸的组成：安全隔离网闸用于实现两个相互业务隔离的网络之间的数据交换。通用的网闸模型设计一般分为如下三个基本部分。

（1）内网处理单元：包括内网接口单元与内网数据缓冲区。接口单元负责与内网的连接，并终止内网用户的网络连接，对数据进行病毒检测、防火墙、入侵防护等安全检测后剥离出"纯数据"，做好交换的准备，也完成对内网用户身份的确认，确保数据的安全通道；数据缓冲区用于存放并调度剥离后的数据，负责与隔离交换单元进行数据交换。

（2）外网处理单元：与内网处理单元功能相同，但处理的是外网连接。

（3）隔离与交换控制单元（隔离硬件）：是网闸隔离控制的摆渡控制单元，控制交换通道的开启与关闭。控制单元中包含一个数据交换区，就是数据交换中的"摆渡船"。对交换通道的控制的方式目前有两种技术：摆渡开关与通道控制。摆渡开关是电子倒换开关，让数据交换区与内外网不同时连接，形成空间间隔 GAP，实现物理隔离。通道控制是在内外网之间改变通信模式，中断内外网的直接连接，采用私密的通信手段形成内外网的物理隔离。该单元中有一个数据交换区，作为交换数据的中转。

其中，三个单元都要求其软件的操作系统是安全的，也就是采用非通用的操作系统，或改造后的专用操作系统，一般为 UNIX BSD 或 Linux 的安全精简版本，或者是嵌入式操作系统等，但都要删除底层不需要的协议、服务，优化改造使用的协议，增强安全特性，同时提高效率。如果针对网络七层协议，安全隔离网闸是在硬件链路层断开。

4）区别比较

（1）与物理隔离卡的区别。安全隔离网闸与物理隔离卡最主要的区别是，安全隔离网闸能够实现两个网络间的自动的、安全适度的信息交换，而物理隔离卡只能提供一台计算机在两个网之间切换，并且需要手动操作，大部分的隔离卡还要求系统重新启动以便切换硬盘。

（2）网络交换信息的区别。安全隔离网闸在网络间进行的安全适度的信息交换是在网络之间不存在链路层连接的情况下进行的。安全隔离网闸直接处理网络间的应用层数据，利用存储转发的方法进行应用数据的交换，在交换的同时，对应用数据进行各种安全检查。路由器、交换机则保持链路层畅通，在链路层之上进行 IP 包等网络层数据的直接转发，没有考虑网络安全和数据安全的问题。

（3）与防火墙的区别。防火墙一般在进行 IP 包转发的同时，通过对 IP 包的处理，实现对 TCP 会话的控制，但是对应用数据的内容不进行检查。这种工作方式无法防止泄密，也无法防止病毒和黑客程序的攻击。

5）使用方式

（1）涉密网与非涉密网之间；

（2）局域网与互联网之间（内网与外网之间）；

（3）办公网与业务网之间；

（4）业务网与互联网之间。

6．VPN（虚拟专用网络）设备

1）VPN 设备的定义

虚拟专用网络指的是在公用网络上建立专用网络的技术。之所以称为虚拟专用网络主要是因为整个 VPN 的任意两个结点之间的连接并没有传统专网所需的端到端的物理链路，而是架构在公用网络服务商所提供的网络平台之上的逻辑网络，用户数据在逻辑链路中传输。

2）主要功能

（1）通过隧道或虚电路实现网络互联；

（2）支持用户安全管理；

（3）能够进行网络监控、故障诊断。

3）工作原理

（1）通常情况下，VPN 网关采取双网卡结构，外网卡使用公网 IP 接入 Internet。

（2）网络一（假定为公网 Internet）的终端 A 访问网络二（假定为公司内网）的终端 B，其发出的访问数据包的目标地址为终端 B 的内部 IP 地址。

（3）网络一的 VPN 网关在接收到终端 A 发出的访问数据包时对其目标地址进行检查，如果目标地址属于网络二的地址，则将该数据包进行封装，封装的方式根据所采用的 VPN 技术不同而不同，同时 VPN 网关会构造一个新 VPN 数据包，并将封装后的原数据包作为

VPN 数据包的负载，VPN 数据包的目标地址为网络二的 VPN 网关的外部地址。

（4）网络一的 VPN 网关将 VPN 数据包发送到 Internet，由于 VPN 数据包的目标地址是网络二的 VPN 网关的外部地址，所以该数据包将被 Internet 中的路由正确地发送到网络二的 VPN 网关。

（5）网络二的 VPN 网关对接收到的数据包进行检查，如果发现该数据包是从网络一的 VPN 网关发出的，即可判定该数据包为 VPN 数据包，并对该数据包进行解包处理。解包的过程主要是先将 VPN 数据包的包头剥离，再将数据包反向处理还原成原始的数据包。

（6）网络二的 VPN 网关将还原后的原始数据包发送至目标终端 B，由于原始数据包的目标地址是终端 B 的 IP，所以该数据包能够被正确地发送到终端 B。在终端 B 看来，它收到的数据包就和从终端 A 直接发过来的一样。

（7）从终端 B 返回终端 A 的数据包处理过程和上述过程一样，这样两个网络内的终端就可以相互通信了。

通过上述说明可以发现，在 VPN 网关对数据包进行处理时，有两个参数对于 VPN 通信十分重要：原始数据包的目标地址（VPN 目标地址）和远程 VPN 网关地址。根据 VPN 目标地址，VPN 网关能够判断对哪些数据包进行 VPN 处理，对于不需要处理的数据包通常情况下可直接转发到上级路由；远程 VPN 网关地址则指定了处理后的 VPN 数据包发送的目标地址，即 VPN 隧道的另一端 VPN 网关地址。由于网络通信是双向的，在进行 VPN 通信时，隧道两端的 VPN 网关都必须知道 VPN 目标地址和与此对应的远端 VPN 网关地址。

4）常用 VPN 技术

（1）MPLS VPN：是一种基于 MPLS 技术的 IP VPN，是在网络路由和交换设备上应用 MPLS（多协议标记交换）技术，简化核心路由器的路由选择方式，结合传统路由技术的标记交换实现的 IP 虚拟专用网络（IP VPN）。MPLS 优势在于将二层交换和三层路由技术结合起来，在解决 VPN、服务分类和流量工程这些 IP 网络的重大问题时具有很优异的表现。因此，MPLS VPN 在解决企业互联、提供各种新业务方面也越来越被运营商看好，成为网络运营商提供增值业务的重要手段。MPLS VPN 又可分为二层 MPLS VPN（即 MPLS L2 VPN）和三层 MPLS VPN（即 MPLS L3 VPN）。

（2）SSL VPN：是以 HTTPS（Secure HTTP，安全的 HTTP，即支持 SSL 的 HTTP 协议）为基础的 VPN 技术，工作在传输层和应用层之间。SSL VPN 充分利用了 SSL 协议提供的基于证书的身份认证、数据加密和消息完整性验证机制，可以为应用层之间的通信建立安全连接。SSL VPN 广泛应用于基于 Web 的远程安全接入，为用户远程访问公司内部网络提供了安全保证。

（3）IPSec VPN：是基于 IPSec 协议的 VPN 技术，由 IPSec 协议提供隧道安全保障。IPSec 是一种由 IETF 设计的端到端的确保基于 IP 通信的数据安全性的机制。它为 Internet 上传输的数据提供了高质量的、可互操作的、基于密码学的安全保证。

5）主要类型

按所用的设备类型进行分类，主要为交换机式 VPN、路由器式 VPN 和防火墙式 VPN。

（1）路由器式 VPN：路由器式 VPN 部署较容易，只要在路由器上添加 VPN 服务即可。

（2）交换机式 VPN：主要应用于连接用户较少的 VPN 网络。

（3）防火墙式 VPN：防火墙式 VPN 是最常见的一种 VPN 的实现方式，许多厂商都提供这种配置类型。

VPN 的隧道协议主要有三种：PPTP、L2TP 和 IPSec，其中 PPTP 和 L2TP 协议工作在 OSI 模型的第二层，又称为第二层隧道协议；IPSec 是第三层隧道协议。

6）实现方式

VPN 的实现有很多种方法，常用的有以下四种。

（1）VPN 服务器：在大型局域网中，可以通过在网络中心搭建 VPN 服务器的方法实现 VPN。

（2）软件 VPN：可以通过专用的软件实现 VPN。

（3）硬件 VPN：可以通过专用的硬件实现 VPN。

（4）集成 VPN：某些硬件设备，如路由器、防火墙等，都含有 VPN 功能，但是拥有 VPN 功能的硬件设备通常都比没有这一功能的设备贵。

7．流量监控设备

1）流量监控设备定义

网络流量控制是通过软件或硬件方式来实现对电脑网络流量的控制。它的最主要方法，是引入 QoS 的概念，从通过为不同类型的网络数据包标记，从而决定数据包通行的优先次序。

2）技术类型

流控技术分为两种。

一种是传统的流控方式，通过路由器、交换机的 QoS 模块实现基于源地址、目的地址、源端口、目的端口以及协议类型的流量控制，属于四层流控；路由交换设备可以通过修改路由转发表，实现一定程度的流量控制，但这种传统的 IP 包流量识别和 QoS 控制技术，仅对 IP 包头中的"五元组"信息进行分析，以确定当前流量的基本信息。传统 IP 路由器也正是通过这一系列信息来实现一定程度的流量识别和 QoS 保障，但它仅仅分析 IP 包的四层以下的内容，包括源地址、目的地址、源端口、目的端口以及协议类型。随着网上应用类型的不断丰富，仅通过第四层端口信息已经不能真正判断流量中的应用类型，更不能应对基于开放端口、随机端口甚至采用加密方式进行传输的应用类型。例如，P2P 类应用会使用跳动端口技术及加密方式进行传输，基于交换路由设备进行流量控制的方法对此完全失效。

另一种是智能流控方式，通过专业的流控设备实现基于应用层的流控，属于七层流控。

3）主要功能

（1）全面透视网络流量，快速发现与定位网络故障；

（2）保障关键应用的稳定运行，确保重要业务顺畅地使用网络；

（3）限制与工作无关的流量，防止对带宽的滥用；

（4）管理员工上网行为，提高员工网上办公的效率；

（5）依照法规要求记录上网日志，避免违法行为；

（6）保障内部信息安全，减少泄密风险；

（7）保障服务器带宽，保护服务器安全；

（8）内置企业级路由器与防火墙，降低安全风险；

（9）专业负载均衡，提升多线路的使用价值。

4）使用方式

（1）网关模式：置于出口网关，所有数据流直接经由设备端口通过；

（2）网桥模式：类似集线器的作用，设备置于网关出口之后，设置简单、透明；

（3）旁路模式：与交换机镜像端口相连，通过对网络出口的交换机进行镜像映射，设备获得链路中的数据"拷贝"，主要用于监听、审计局域网中的数据流及用户的网络行为。

8．防病毒网关（防毒墙）

1）防病毒网关（防毒墙）定义

防病毒网关是一种网络设备，用于保护网络内（一般是局域网）进出数据的安全，主要有病毒杀除、关键字过滤（如色情、反动）、垃圾邮件阻止的功能，同时部分设备也具有一定防火墙（划分 VLAN）的功能。

2）主要功能

（1）病毒杀除；

（2）关键字过滤；

（3）垃圾邮件阻止的功能。

部分设备也具有一定防火墙功能，能够检测进出网络内部的数据，对 HTTP、FTP、SMTP、IMAP 和 POP3 五种协议的数据进行病毒扫描，一旦发现病毒就会采取相应的手段进行隔离或查杀，在防护病毒方面起到了非常大的作用。

3）与防火墙的区别

（1）防病毒网关：专注病毒过滤，阻断病毒传输，工作协议层为 OSI 2～7 层，分析数据包中的传输数据内容，运用病毒分析技术处理病毒体，具有防火墙访问控制功能模块。

（2）防火墙：专注访问控制，控制非法授权访问，工作协议层为 OSI 2～4 层，分析数据包中源 IP 目的 IP，对比规则控制访问方向，不具有病毒过滤功能。

4）与防病毒软件的区别

（1）防病毒网关：基于网络层过滤病毒，阻断病毒体网络传输；网关阻断病毒传输，主动防御病毒于网络之外；网关设备配置病毒过滤策略，过滤出入网关的数据；与杀毒软件联动建立多层次反病毒体系。

（2）防病毒软件：基于操作系统病毒清除，清除进入操作系统病毒；病毒对系统核心技术滥用导致病毒清除困难，需要研究主动防御技术；主动防御技术专业性强，普及困难；管理安装杀毒软件终端；病毒发展互联网化需要网关级反病毒技术配合。

5）查杀方式

对进出防病毒网关的数据进行监测：以特征码匹配技术为主；对监测出的病毒数据进行查杀；采取将数据包还原成文件的方式进行病毒处理。

（1）基于代理服务器的方式；

（2）基于防火墙协议还原的方式；

（3）基于邮件服务器的方式。

6）使用方式

（1）透明模式：串联接入网络出口处，部署简单。

（2）旁路代理模式：强制客户端的流量经过防病毒网关，防病毒网关仅仅需要处理要检测的相关协议，不需要处理其他协议的转发，可以较好地提高设备性能。

（3）旁路模式：与旁路代理模式部署的拓扑一样；不同的是，旁路模式只能起到检测作用，对于已检测到的病毒无法做到清除。

9. WAF（Web 应用防火墙）

1）WAF（Web 应用防火墙）的定义

Web 应用防火墙是通过执行一系列针对 HTTP/HTTPS 的安全策略来专门为 Web 应用提供保护的一种设备。

2）产生背景

当 Web 应用越来越为丰富的同时，Web 服务器以其强大的计算能力、处理性能及蕴含的较高价值逐渐成为主要攻击目标。SQL 注入、网页篡改、网页挂马等安全事件频繁发生。企业等用户一般采用防火墙作为安全保障体系的第一道防线。但是，在现实中，它们存在这样那样的问题，由此产生了 WAF（Web 应用防护系统）。Web 应用防护系统用于解决诸如防火墙一类传统设备束手无策的 Web 应用安全问题。与传统防火墙不同，WAF 工作在应用层，因此对 Web 应用防护具有先天的技术优势。基于对 Web 应用业务和逻辑的深刻理解，WAF 对来自 Web 应用程序客户端的各类请求进行内容检测和验证，确保其安全性与合法性，对非法的请求予以实时阻断，从而对各类网站站点进行有效防护。

3）主要功能

（1）审计设备：用来截获所有 HTTP 数据或者仅仅满足某些规则的会话。

（2）访问控制设备：用来控制对 Web 应用的访问，既包括主动安全模式也包括被动安全模式。

（3）架构/网络设计工具：当运行在反向代理模式下，它们用来分配职能、进行集中控制、虚拟基础结构等。

（4）Web 应用加固工具：这些功能增强被保护 Web 应用的安全性，它不仅能够屏蔽 Web 应用固有弱点，而且能够保护 Web 应用编程错误导致的安全隐患。主要包括防攻击、防漏洞、防暗链、防爬虫、防挂马、抗 DDoS 等。

4）使用方式

与 IPS 设备部署方式类似，可以串联部署在 Web 服务器等关键设备的网络出口处。

10. 安全审计系统

1）安全审计系统定义

网络安全审计系统针对互联网行为提供有效的行为审计、内容审计、行为报警、行为控制及相关审计功能；从管理层面提供互联网的有效监督，预防、制止数据泄密；满足用户对互联网行为审计备案及安全保护措施的要求；提供完整的上网记录，便于信息追踪、系统安全管理和风险防范。

2）主要类型

根据被审计的对象（主机、设备、网络、数据库、业务、终端、用户）划分，安全审计可以分为以下几类。

（1）主机审计：对主机的各种操作和行为进行审计。

（2）设备审计：对网络设备、安全设备等各种设备的操作和行为进行审计。

（3）网络审计：对网络中各种访问、操作的审计，例如 Telnet 操作、FTP 操作，等等。

（4）数据库审计：对数据库行为和操作，甚至操作的内容进行审计。

（5）业务审计：对业务操作、行为、内容的审计。

（6）终端审计：对终端设备（PC、打印机）等的操作和行为进行审计，包括预配置审计。

（7）用户行为审计：对企业和组织的人进行审计，包括上网行为审计、运维操作审计。

有的审计产品针对上述一种对象进行审计，还有的产品综合上述多种对象进行审计。

3）主要功能

（1）采集多种类型的日志数据：能采集各种操作系统的日志，防火墙系统日志，入侵检测系统日志，网络交换及路由设备的日志，各种服务和应用系统日志。

（2）日志管理：能进行多种日志格式的统一管理。自动将其收集到的各种日志格式转换为统一的日志格式，便于对各种复杂日志信息的统一管理与处理。

（3）日志查询：支持以多种方式查询网络中的日志记录信息，以报表的形式显示。

（4）入侵检测：使用多种内置的相关性规则，对分布在网络中的设备产生的日志及报警信息进行相关性分析，从而检测出单个系统难以发现的安全事件。

（5）自动生成安全分析报告：根据日志数据库记录的日志数据，分析网络或系统的安全性，并输出安全性分析报告。报告的输出可以根据预先定义的条件自动产生并提交给管理员。

（6）网络状态实时监视：可以监视有代理运行的特定设备的状态、网络设备、日志内容、网络行为等情况。

（7）事件响应机制：当审计系统检测到安全事件时，可以采用相关的响应方式报警。

（8）集中管理：审计系统提供一个统一的集中管理平台，实现对日志代理、安全审计中心、日志数据库的集中管理。

4）使用方式

安全审计产品在网络中的部署方式主要为旁路部署。

2.2　软件构成

2.2.1　操作系统软件

操作系统是管理计算机硬件与软件资源的计算机程序，同时也是计算机系统的内核与基石。操作系统需要处理如管理与配置内存、决定系统资源供需的优先次序、控制输入设备与输出设备、操作网络与管理文件系统等基本事务。操作系统也提供一个让用户与系统交互的操作界面。

在计算机中，操作系统是最基本也是最为重要的基础性系统软件。从计算机用户的角度来说，计算机操作系统体现在其提供的各项服务；从程序员的角度来说，它主要是指用户登录的界面或者接口；如果从设计人员的角度来说，就是指各式各样模块和单元之间的联系。事实上，全新操作系统的设计和改良的关键工作就是对体系结构的设计，经过几十年来的发展，计算机操作系统已经由一开始的简单控制循环体发展成为较为复杂的分布式操作系统，再加上计算机用户需求的愈发多样化，计算机操作系统已经成为复杂庞大的计算机软件系统之一。

纵观计算机之历史，操作系统与计算机硬件的发展息息相关。操作系统之本意原为提供简单的工作排序能力，后为辅助更新更复杂的硬件设施而渐渐演化。从最早的批量模式开始，分时机制也随之出现，在多处理器时代来临时，操作系统也随之添加多处理器协调功能，甚至是分布式系统的协调功能。其他方面的演变也类似于此。同时，个人计算机之操作系统因袭大型机的成长之路，在硬件越来越复杂、强大时，也逐步实现以往只有大型机才有的功能。

从 1946 年第一台电子计算机诞生以来，它的每一代进化都以减少成本、缩小体积、降低功耗、增大容量和提高性能为目标。计算机硬件的发展，也加速了操作系统（简称 OS）的形成和发展。

最初的电脑没有操作系统，人们通过各种按钮来控制计算机。后来出现了汇编语言，操作人员通过有孔的纸带将程序输入电脑进行编译。这些将语言内置的电脑只能由制作人员自己编写程序来运行，不利于程序、设备的共用。为了解决这种问题，就出现了操作系统，这样就很好地实现了程序的共用，以及对计算机硬件资源的管理。

随着计算机技术和大规模集成电路的发展，微型计算机迅速发展起来。20 世纪 70 年代中期开始出现计算机操作系统。1976 年，美国 DIGITAL RESEARCH 软件公司就研制出 8 位的 CP/M 操作系统。这个系统允许用户通过控制台的键盘对系统进行控制和管理，其主要功能是对文件信息进行管理，以实现其他设备文件或硬盘文件的自动存取。此后出现的一些 8 位操作系统多采用 CP/M 结构。

操作系统对于计算机来说是十分重要的。首先，从使用者角度来说，操作系统可以对计算机系统的各项资源板块开展调度工作，其中包括软硬件设备、数据信息等，运用计算机操作系统可以减少人工资源分配的工作强度，使用者对于计算的操作干预程度减少，计算机的智能化工作效率可以得到很大的提升。其次，在资源管理方面，如果由多个用户共同来管理一个计算机系统，那么就可能有冲突矛盾存在于两个使用者的信息共享当中。为了更加合理地分配计算机的各个资源板块，协调计算机系统的各个组成部分，需要充分发挥计算机操作系统的职能，对各个资源板块的使用效率和使用程度进行最优的调整，使得各个用户的需求都能够得到满足。最后，操作系统在计算机程序的辅助下，可以抽象处理计算系统资源提供的各项基础职能，以可视化的手段来向使用者展示操作系统功能，降低计算机的使用难度。

1．操作系统主要功能

（1）进程管理：其工作主要是进程调度。在单用户单任务的情况下，处理器仅为一个用户的一个任务所独占，进程管理的工作十分简单。但在多道程序或多用户的情况下，组织多个作业或任务时，就要解决处理器的调度、分配和回收等问题 。

（2）存储管理：分为存储分配、存储共享、存储保护、存储扩张等功能。

（3）设备管理：分为设备分配、设备传输控制、设备独立性等功能。

（4）文件管理：包括文件存储空间的管理、目录管理、文件操作管理、文件保护等功能。

（5）作业管理：负责处理用户提交的要求。

2．操作系统分类

计算机的操作系统根据不同的用途分为不同的种类。从功能角度分析，有实时系统、批处理系统、分时系统、网络操作系统等。

（1）实时系统主要是指系统可以快速地对外部命令进行响应，在对应的时间里处理问题，协调系统工作。批处理系统在 1960 年左右出现，可以将资源进行合理的利用，并提高系统的吞吐量。

（2）分时系统可以实现用户的人机交互需要，多个用户共同使用一个主机，在很大程度上节约了资源成本。分时系统具有多路性、独立性、交互性、可靠性的优点。

（3）批处理系统出现在 20 世纪 60 年代，能够提高资源的利用率和系统的吞吐量。

（4）网络操作系统是一种能代替操作系统的软件程序，是向网络计算机提供服务的特殊的操作系统。它借由网络互相传递数据与各种消息，分为服务器及客户端。服务器的主要功能是管理服务器和网络上的各种资源及网络设备的共用，加以统合并管控流量，避免网络有瘫痪的可能；而客户端具有接收服务器所传递的数据来运用的功能，以便搜索所需的资源。

3．主要操作系统体系结构

1）简单体系结构

在计算机操作系统诞生初期，其体系结构属于简单体系结构。由于当时各式各样影响因素的作用，如硬件性能、平台、软件水平等方面的限制，当时的计算机操作系统结构呈现出一种混乱且模糊的状态，操作系统的用户应用程序和其内核程序鱼龙混杂，甚至其运行的地址和空间都是一致的。这种操作系统实际上就是一系列过程和项目的简单组合，使用的模块方法也较为粗糙，导致其结构在宏观上非常模糊。

2）单体内核结构

随着科学技术的不断发展和进步，计算机硬件及软件的水平和性能得到了很大的提升，其数量和种类也与日俱增，操作系统日益复杂，其具备的功能越来越多，在此背景下，单体内核结构的操作系统诞生并得到了应用，例如 UNIX 操作系统、Windows NT/XP 等。一般情况下，单体内核结构的操作系统主要具备以下功能：文件及内存管理、设备驱动、CPU 调度以及网络协议处理等。由于内核的复杂性不断提升，相关的开发设计人员为了实现对其良好的控制，逐渐开始使用一些较为成熟的模块化方法，并根据其不同的功能对其进行结构化，进而将其划分为诸多模块，例如文件及内存管理模块、驱动模块、CPU 调度模块及网络协议处理模块等。这些模块所使用的地址和空间与内核使用的完全一致，以函数调用的方式构建了用于通信的结构来实现各个模块之间的通信。在使用模块化的方法以后，只要其通信接口没有发生明显的变化，即使整个结构中的任何一个模块发生变化也不会对结构中的其他模块造成任何影响，为系统的维护和改良扩充提供了便利。虽然单体内核结构的计算机操作系统进行了模块化的处理，但是其所有模块仍然是在硬件之上、应用软件之下的操作系统核心中运转和工作。模块与模块之间活动的层次没有任何差别。

3）层次式结构

层次式结构的计算机操作系统是为了减少以往操作系统中各个模块之间由于联系紧密而产生的各种问题而诞生的，它可以最大限度地减少甚至避免循环调用现象的发生，确保调用有序，为操作系统设计目标的实现奠定了坚实的基础。层次式结构的计算机操作系统是由诸多系统分为若干个层次的，其最低层是硬件技术，其他每一个层级均是建立在其下一层级之上的。在设计层次式结构计算机操作系统内核时，主要采用与抽象数据类型十分类似的设计方法，在系统中的每一个层级均包含多种数据和操作，且每一个的数据和操作是其他层不可见的，在每一层中都配备了其他层使用的唯一操作接口，同时每一层发生的访问行为只能针对其下层进行，不能访问其上层的数据和服务，严格遵守了调用规则，在很大程度上避免了其他层次对某一层次的干扰和破坏。对于理想的层次式计算机系统体系结构来说，其间的联系不仅仅是单向依赖性的，同时各个层级之间也要具备相互的独立性，且只能对低层次的模块和功能进行调用，例如 THE 系统。但是这种理想的全序层次式计算机操作系统在现实中建成是较为困难的，它无法完全避免模块之间循环调用现象的出现，某个层级之间仍旧存在某种循环关系，这种层次式结构又被叫作半序层次式计算机操作系统，例如 SUE 操作系统。

4）微内核结构

微内核计算机操作系统体系结构又可以被叫作客户机结构或者服务器结构，它实际上就是将系统中的代码转移到更高层次当中，尽可能地减少操作系统中的程序，仅仅保留一个小体积的内核，一般情况下其使用的主要方法就是通过用户进程来实现操作系统所具备的各项功能，具体来说就是用户进程可以将相关的请求和要求发送到服务器当中，然后由服务器完成相关的操作以后再通过某种渠道反馈到用户进程当中。在微内核结构中，操作系统的内核主要工作就是对客户端和服务器之间的通信进行处理，在系统中包括许多部分，每一部分均具备某一方面的功能，例如文件服务、进程服务、终端服务等，这样的部分相对较小，相关的管理工作也较为便利。这种服务的运行都是以用户进程的形式呈现的，既不在核心中运行，也不直接地对硬件进行访问，这样一来即使服务器发生错误或受到破坏也不会对系统造成影响，只是会造成相对应服务器的崩溃。

5）外核结构

外核结构的计算机操作系统本质上就是为了获得更好的性能和灵活性而设计出来的。在系统中，操作系统接口处于硬件层，将重点和关键放在了更多硬件资源的复用方面。在外核结构的操作系统中，内核负责的主要工作仅仅为简单的申请操作以及释放和复用硬件资源，以往由操作系统提供的抽象全部在用户空间当中运行。

一般情况下，外核结构中的内核主要有三个方面的工作，分别是对资源的所有权进行跟踪、为操作系统的安全提供保护以及撤销对资源的访问行为。在核外，基本上所有的操作系统中的抽象都是以库的形式呈现出来的，而用户在访问硬件资源时也是通过库的调用来完成的。

6）安全加固技术

随着计算机网络与应用技术的不断发展，信息系统安全问题越来越引起人们的关注，信息系统一旦遭受破坏，用户及单位将受到重大损失，对信息系统进行有效的保护，是必须面对和解决的迫切课题，而操作系统安全在计算机系统整体安全中至关重要，加强操作系统安全加固和优化服务是实现信息系统安全的关键环节。当前，对操作系统安全构成威胁的问题主要有系统漏洞、脆弱的登录认证方式、访问控制形同虚设、计算机病毒、特洛伊木马、隐蔽通道、系统后门恶意程序和代码感染等，加强操作系统安全加固工作是整个信息系统安全的基础。

（1）安全加固原理。

安全加固是指按照系统安全配置标准，结合用户信息系统实际情况，对信息系统涉及的终端主机、服务器、网络设备、数据库及应用中间件等软件系统进行安全配置加固、漏洞修复和安全设备调优。通过安全加固，可以合理加强信息系统安全性，提高其健壮性，增大攻击入侵的难度，可以使信息系统安全防范水平得到大幅提升。

（2）安全加固方法。

安全加固主要通过人工对系统进行漏洞扫描，针对扫描结果使用打补丁、强化账号安全、修改安全配置、优化访问控制策略、增加安全机制等方法加固系统以及堵塞系统漏洞、"后门"，完成加固工作。

（3）安全加固流程。

安全加固主要包含以下几个环节。

①安全加固范围确定：收集需要进行安全加固的信息系统所涉及的计算机设备、网络、数据库及应用中间件的设备情况。

②制订安全加固方案：根据信息系统的安全等级划分和具体要求，利用网络安全经验和漏洞扫描技术和工具，对加固范围内的计算机操作系统、网络设备、数据库系统及应用中间件系统进行安全评估，从内、外部对信息系统进行全面的评估，检查这些系统目前的安全状况，根据现状制订相应的安全加固措施，形成安全加固方案。

③安全加固方案实施：根据制定的安全加固实施方案实施加固，完成后对加固后的系统进行全面的测试和检查，确保加固对系统业务无影响，并填写加固实施记录。

④安全加固报告输出：根据安全加固实施记录，编写最终的安全加固实施报告，对加固工作进行总结，对已加固的项目、加固效果、遗留问题进行汇总统计。

（4）操作系统虚拟化。

操作系统虚拟化作为容器的核心技术支撑，得到了研究者的广泛关注。最近几年，无论是在以 SOSP/OSDI 为代表的计算机系统领域顶级学术会议上，还是以 Google 为代表的重要互联网企业中，都陆续出现了一批操作系统虚拟化的最新研究成果，并且成果数量呈现出逐年增加的总体趋势。

操作系统虚拟化技术允许多个应用在共享同一主机操作系统（Host OS）内核的环境下隔离运行，主机操作系统为应用提供一个个隔离的运行环境，即容器实例。操作系统虚拟化技术架构可以分为容器实例层、容器管理层和内核资源层。

操作系统虚拟化与传统虚拟化最本质的不同是传统虚拟化需要安装客户机操作系统（Guest OS）才能执行应用程序，而操作系统虚拟化通过共享的宿主机操作系统来取代客户机操作系统。

7）操作系统实例

（1）嵌入式系统。

嵌入式系统使用的系统非常广泛（如 VxWorks、eCos、Symbian OS 及 Palm OS）以及某些功能缩减版本的 Linux 或者其他操作系统。某些情况下，OS 指的是一个内置了固定应用软件的巨大泛用程序。在许多最简单的嵌入式系统中，所谓 OS 就是指其上唯一的应用程序。

iOS 是由苹果公司开发的手持设备操作系统。苹果公司于 2007 年 1 月 9 日的 Macworld 大会上公布这个系统，以 Darwin 为基础，属于类 UNIX 的商业操作系统。它最初是设计给 iPhone 使用的，后来陆续套用到 iPod touch、iPad 以及 Apple TV 等产品上。iOS 与苹果的 Mac OS X 操作系统一样，属于类 UNIX 的商业操作系统。原本这个系统名为 iPhone OS，因为 iPad、iPhone、iPod Touch 都使用 iPhone OS，所以 2010 年 WWDC 大会上宣布改名为 iOS。

Android 是一种基于 Linux 的自由及开放源代码的操作系统，主要应用于移动设备，如智能手机和平板电脑，由 Google 公司和开放手机联盟领导及开发。Android 操作系统最初由 Andy Rubin 开发，主要支持手机。2005 年 8 月由 Google 收购注资。2007 年 11 月，Google 与 84 家硬件制造商、软件开发商及电信营运商组建开放手机联盟共同研发改良 Android 系统。随后 Google 以 Apache 开源许可证的授权方式，发布了 Android 的源代码。第一部 Android 智能手机发布于 2008 年 10 月。后来 Android 操作系统逐渐扩展到平板电脑及其他领域，如电视、数码相机、游戏机、智能手表等。2011 年第一季度，Android 系统在全球的市场份额首次超过塞班系统，跃居全球第一。2013 年第四季度，Android 平台手机的全球市场份额已经达到 78.1%。截至 2019 年，全世界采用 Android 系统的设备数量已经超过 25 亿台。

（2）类 UNIX 系统。

所谓类 UNIX 家族指的是一族种类繁多的 OS，包含了 System V、BSD 与 Linux。由于 UNIX 是 The Open Group 的注册商标，特指遵守此公司定义的行为的操作系统。而类 UNIX 通常指的是比原先的 UNIX 包含更多特征的 OS。

类 UNIX 系统可在非常多的处理器架构下运行，在服务器系统领域有很高的使用率，例如大专院校或工程应用的工作站。

1991 年，芬兰学生林纳斯·托瓦兹根据类 UNIX 系统 Minix 编写并发布了 Linux 操作系统内核，其后在理查德·斯托曼的建议下以 GNU 通用公共许可证发布，成为 UNIX 的变种。Linux 近来越来越受欢迎，在个人桌面计算机市场上也大有斩获，例如 Ubuntu 系统。

某些 UNIX 变种，例如惠普的 HP-UX 以及 IBM 的 AIX 仅设计用于自家的硬件产品，而 SUN 的 Solaris 可安装于自家的硬件或 x86 计算机上。苹果计算机的 Mac OS X 是一个从 NeXTSTEP、Mach 以及 FreeBSD 共同派生出来的微内核 BSD 系统，此 OS 取代了苹果计算机早期非 UNIX 家族的 Mac OS。

（3）微软 Windows 操作系统。

Windows 系列操作系统是微软在 MS-DOS 的基础上开发的图形操作系统。后来的 Windows 系统，如 Windows 2000、Windows XP 皆是基于 Windows NT 内核。Windows 系统可以在 32 位和 64 位的 Intel 和 AMD 的处理器上运行，但是早期的版本也可以在 DEC Alpha、MIPS 与 PowerPC 架构上运行。

虽然由于人们对于开放源代码操作系统的兴趣提升，Windows 系统的市场占有率有所下降，但是到 2019 年为止，Windows 操作系统在世界范围内仍然占据了桌面操作系统 90%的市场份额。

Windows XP 于 2001 年 10 月 25 日发布，2004 年 8 月 24 日发布服务包 2（Service Pack 2），2008 年 4 月 21 日发布服务包 3（Service Pack 3）。

Windows 7 于 2009 年 10 月 22 日发布，内核版本号为 Windows NT 6.1。Windows 7 可供家庭及商业工作环境、多媒体中心等使用。和同为 NT6 成员的 Windows Vista 一脉相承，Windows 7 继承了包括 Aero 风格等多项功能，并且在此基础上增添了一些功能。

Windows 10 于 2015 年 7 月 29 日发布。Windows 10 操作系统在易用性和安全性方面有了极大的提升，除了针对云服务、智能移动设备、自然人机交互等新技术进行融合外，还对固态硬盘、生物识别、高分辨率屏幕等硬件进行了优化完善与支持。

（4）macOS。

macOS 是一套运行于苹果 Macintosh 系列计算机上的操作系统。Mac OS 是首个在商用领域获得成功的图形用户界面系统。苹果公司从 OS X 10.8 开始在名字中去掉 Mac，仅保留 OS X 和版本号。2016 年 6 月 13 日在 WWDC2016 上，苹果公司将 OS X 更名为 macOS，现行的最新的系统版本是 12.0.1 Monterey。

（5）Chrome OS。

Google Chrome OS 是一项轻型的、基于网络的计算机操作系统计划，它基于 Google 的浏览器 Google Chrome 的 Linux 内核。

2.2.2　网络应用系统软件

网络软件一般是指系统的网络操作系统、网络通信协议和应用级的提供网络服务功能的专用软件。

连入计算机网络的系统，通常根据系统本身的特点、能力和服务对象，配置不同的网络应用系统。其目的是使本机用户共享网中其他系统的资源，或是把本机系统的功能和资源提供给网中其他用户使用。为此，每个计算机网络都制订一套全网共同遵守的网络协议，并要求网中每个主机系统配置相应的协议软件，以确保网中不同系统之间能够可靠、有效地相互通信和合作。

1．网络操作系统

网络操作系统是用于管理网络软、硬资源，提供简单网络管理的系统软件。常见的网络操作系统有 UNIX、Netware、Windows NT、Linux 等。UNIX 是一种强大的分时操作系统，以前在大型机和小型机上使用，已经向 PC 过渡。UNIX 支持 TCP/IP 协议，安全性、可靠性强，缺点是操作使用复杂。常见的 UNIX 操作系统有 SUN 公司的 Solaris、IBM 公司的 AIX、HP 公司的 HP UNIX 等。Netware 是 Novell 公司开发的早期局域网操作系统，使用 IPX/SPX 协议，至 2011 年 Netware 5.0 也支持 TCP/IP 协议，安全性、可靠性较强，其优点是具有 NDS 目录服务，缺点是操作使用较复杂。Windows NT Server 是微软公司为服务器设计的，操作简单方便，缺点是安全性、可靠性较差，使用于中小型网络。Linux 是一个免费的网络操作系统，源代码完全开发，是 UNIX 的一个分支，其内核基本和 UNIX 一样，具有 Windows NT 的界面，操作简单，缺点是应用程序较少。

2．网络通信协议

网络通信协议是网络中计算机交换信息时的约定，它规定了计算机在网络中互通信息的规则。互联网采用的协议是 TCP/IP，该协议也是目前应用最广泛的协议，其他常见的协议还有 Novell 公司的 IPX/SPX 等。

计算机网络大都按层次结构模型去组织计算机网络协议。IBM 公司的系统网络体系结构 SNA 是由物理层、数据链路控制层、通信控制层、传输控制层、数据流控制层、表示服务层和最终用户层 7 层所组成。影响最大、功能最全、发展前景最好的网络层次模型，是国际标准化组织（ISO）所建议的"开放系统互连（OSI）"基本参考模型。它由物理层、数据链路层、网络层、运输层、会话层、表示层和应用层 7 层组成。就其整体功能来说，可以把 OSI 网络体系模型划分为通信支撑平台和网络服务支撑平台两部分。通信支撑平台由 OSI 底 4 层（即物理层、数据链路层、网络层和运输层）组成，其主要功能是向高层提供与通信子网特性无关的、可靠的、端到端的数据通信功能，用于实现开放系统之间的互联与互通。网络服务支撑平台由 OSI 高 3 层（即会话层、表示层和应用层）组成，其主要功能是向应用进程提供访问 OSI 环境的服务，用于实现开放系统之间的互操作。应用层又进一步分成公共应用服务元素和特定应用服务元素两个子层。前者提供与应用性质无关的通用服务，包括联系控制服务元素、托付与恢复、可靠传送服务元素、远地操作服务元素等；后者提供满足特定应用要求的各种能力，包括报文处理系统、文件传送、存取与操作、虚拟终端、作业传送与操作、远地数据库访问等。目前的发展趋势是在网络体系结构的基础上，再建造一个网络应用支撑平台，用于向网络用户和应用系统提供良好的运行环境和开发环境，其主要功能包括统一界面管理、分布式数据管理、分布式系统访问管理、应用集成以及一组特定的应用支持，如电子数据交换（EDI）、办公文件体系（ODA）等。

计算机网络分为用户实体和资源实体两种基本形式。用户实体（如用户程序和终端等）以直接或间接方式与用户相联系，反映用户所要完成的任务和服务请求，资源实体（如设备、文卷和软件系统等）与特定的资源相联系，为用户实体访问相应的资源提供服务。网络中各类实体通常按照共同遵守的规则和约定彼此通信、相互合作，完成共同关心的任务。这些规则和约定称为计算机网络协议（简称网络协议），网络协议通常是由语义、语法和变换规则 3 部分组成。语义规定了通信双方彼此之间准备"讲什么"，即确定协议元素的类型；语法规定通信双方彼此之间"如何讲"，即确定协议元素的格式；变换规则用于规定通信双方彼此之间的"应答关系"，即确定通信过程中的状态变化，通常可用状态变化图来描述。

3．网络软件分类

网络软件包括通信支撑平台软件、网络服务支撑平台软件、网络应用支撑平台软件、网络应用系统、网络管理系统以及用于特殊网络站点的软件等。从网络体系结构模型不难看出，通信软件和各层网络协议软件是这些网络软件的基础和主体。

1）通信软件

通信软件是用于监督和控制通信工作的软件。它除了作为计算机网络软件的基础组成部分外，还可用作计算机与自带终端或附属计算机之间实现通信的软件。通信软件通常由线路缓冲区管理程序、线路控制程序以及报文管理程序组成。报文管理程序通常由接收、发送、收发记录、差错控制、开始和终了 5 个部分组成。

2）协议软件

协议软件是网络软件的重要组成部分，按网络所采用的协议层次模型（如 ISO 建议的开放系统互联基本参考模型）组织而成。除物理层外，其余各层协议大都由软件实现。每层协议软件通常由一个或多个进程组成，其主要任务是完成相应层协议所规定的功能，以及与上、下层的接口功能。

3）应用系统

根据网络的组建目的和业务的发展情况，研制、开发或购置应用系统。其任务是实现网络总体规划所规定的各项业务，提供网络服务和资源共享。网络应用系统有通用和专用之分。通用网络应用系统适用于较广泛的领域和行业，如数据收集系统、数据转发系统和数据库查询系统等。专用网络应用系统只适用于特定的行业和领域，如银行核算、铁路控制、军事指挥等。

一个真正实用的、具有较大效益的计算机网络，除了配置上述各种软件外，通常还应在网络协议软件与网络应用系统之间，建立一个完善的网络应用支撑平台，为网络用户创造良好的运行环境和开发环境。功能较强的计算机网络通常还设立一些负责全网运行工作的特殊主机系统（如网络管理中心、控制中心、信息中心、测量中心等）。对于这些特殊的主机系统，除了配置各种基本的网络软件外，还要根据它们所承担的网络管理工作编制有关的特殊网络软件。

4. 安全问题

（1）网络软件的漏洞及缺陷被利用，使网络遭到入侵和破坏。

（2）网络软件安全功能不健全或被安装了"特洛伊木马"软件。

（3）应加安全措施的软件可能未给予标识和保护，要害程序可能没有安全措施，使软件被非法使用、被破坏或产生错误的结果。

（4）未对用户进行分类和标识，使数据的存取未受到限制或控制，而被非法用户窃取或非法处理。

（5）错误地进行路由选择，为一个用户与另一个用户之间的通信选择了不合适的路径。

（6）拒绝服务，中断或妨碍通信，延误对时间要求较高的操作。

（7）信息重播，即把信息收录下来准备过一段时间重播。

（8）对软件更改的要求没有充分理解，导致软件缺陷。

（9）没有正确的安全策略和安全机制，缺乏先进的安全工具和手段。

（10）不妥当的标定或资料，导致所改的程序出现版本错误。如：程序员没有保存程序变更的记录；没有做拷贝；未建立保存记录的业务。

5. 计算机网络软件发展趋向

在计算机网络软件方面受到重视的研究方向有：全网界面一致的网络操作系统，不同类型计算机网络的互联（包括远程网与远程网、远程网与局域网、局域网与局域网），网络协议标准化及其实现，协议工程（协议形式描述、一致性测试、自动生成等），网络应用体系结构和网络应用支撑技术研究等。

2.2.3　网络协议

1. 网络协议的定义

网络通信协议是一种网络通用语言，为连接不同操作系统和不同硬件体系结构的互联网络引提供通信支持，是一种网络通用语言。

例如，网络中一个微机用户和一个大型主机的操作员进行通信，由于这两个数据终端所用字符集不同，所以终端对对方输入的命令不认识。为了能进行通信，规定每个终端都要将各自字符集中的字符先变换为标准字符集的字符后，才进入网络传送，到达目的终端之后，再变换为该终端字符集的字符。因此，网络通信协议也可以理解为网络上各台计算机之间进行交流的一种语言。

2. 网络协议三要素

网络通信协议由三个要素组成。

（1）语义：解释控制信息每个部分的意义。它规定了需要发出何种控制信息，以及完成的动作与做出什么样的响应。

（2）语法：用户数据与控制信息的结构与格式，以及数据出现的顺序。

（3）时序：对事件发生顺序的详细说明。

可以形象地把这三个要素描述为：语义表示要做什么，语法表示要怎么做，时序表示做的顺序。

3．常见协议

常见的网络通信协议有 TCP/IP、IPX/SPX、NetBEUI 等。

1）TCP/IP

TCP/IP（Transmission Control Protocol/Internet Protocol，传输控制协议/网际协议）具有很强的灵活性，支持任意规模的网络，几乎可连接所有服务器和工作站。在使用 TCP/IP 时需要进行复杂的设置，每个结点至少需要一个"IP 地址"、一个"子网掩码"、一个"默认网关"、一个"主机名"，对于一些初学者来说使用不太方便。

2）IPX/SPX 及其兼容协议

IPX/SPX（Internetwork Packet Exchange/Sequences Packet Exchange，网际包交换/顺序包交换）是 Novell 公司的通信协议集。IPX/SPX 具有强大的路由功能，适合大型网络使用。当用户端接入 NetWare 服务器时，IPX/SPX 及其兼容协议是最好的选择。但在非 Novell 网络环境中，一般不使用 IPX/SPX。

3）NetBEUI 协议

NetBEUI（NetBios Enhanced User Interface，NetBios 增强用户接口）协议是一种短小精悍、通信效率高的广播型协议，安装后不需要进行设置，特别适合通过"网络邻居"传送数据。

4）TCP/IP 分层协议

TCP/IP 参考模型是首先由 ARPANET 使用的网络体系结构，共分为四层：网络接口层（又称链路层）、网络层（又称互联层）、传输层和应用层，每一层都呼叫它的下一层所提供的网络来完成自己的需求。

每一层对应的协议如下。

①网络接口层协议：Ethernet 802.3、Token Ring 802.5、X.25、Frame relay、HDLC、PPP ATM 等。

②网络层协议：IP（Internet Protocol，因特网协议）、ICMP（Internet Control Message Protocol，控制报文协议）、ARP（Address Resolution Protocol，地址转换协议）、RARP（Reverse ARP，反向地址转换协议）。

③传输层协议：TCP（Transmission Control Protocol，传输控制协议）和 UDP（User Datagram Protocol，用户数据报协议）。

④应用层协议：FTP（File Transfer Protocol，文件传输协议）、Telnet（用户远程登录服务协议）、DNS（Domain Name Service，域名解析服务）、SMTP（Simple Mail Transfer Protocol，简单邮件传输协议）、NFS（Network File System，网络文件系统）、HTTP（Hypertext Transfer Protocol，超文本传输协议）。

4．协议的使用

（1）根据网络条件选择：如网络存在多个网段或要通过路由器相连，就不能使用不具备路由和跨网段操作功能的 NetBEUI 协议，而必须选择 IPX/SPX 或 TCP/IP 等协议。

（2）尽量减少协议种类：一个网络中尽量只选择一种通信协议，协议越多，占用计算机的内存资源就越多，影响了计算机的运行速度，不利于网络的管理。

（3）注意协议的版本：每个协议都有其发展和完善的过程，因而出现了不同的版本，每个版本的协议都有它最为合适的网络环境。在满足网络功能要求的前提下，应尽量选择高版本的通信协议。

（4）协议的一致性：如果要让两台实现互联的计算机间进行对话，它们使用的通信协议必须相同。否则，中间需要一个"翻译"进行不同协议的转换，不仅影响了网络通信速率，同时也不利于网络的安全、稳定运行。

5．其他协议和标准

1）RS-232-C

RS-232-C 是 OSI 基本参考模型物理层部分的规格，它决定了连接器形状等物理特性、以 0 和 1 表示的电气特性及表示信号意义的逻辑特性。

RS-232-C 是 EIA 发表的，是 RS-232-B 的修改版。它本来是为连接模拟通信线路中的调制解调器等 DCE 及电传打印机等 DTE 接口而标准化的。很多个人计算机用 RS-232-C 作为输入/输出接口，用 RS-232-C 作为接口的个人计算机也很普及。

RS-232-C 所使用的连接器为 25 引脚插入式连接器，一般称为 25 引脚 D-SUB。DTE 端的电缆顶端接公插头，DCE 端接母插座。

RS-232-C 所用电缆的形状并不固定，但大多使用带屏蔽的 24 芯电缆。电缆的最大长度为 15m。使用 RS-232-C 在 200kbps 以下的任何速率都能进行数据传输。

2）RS-449

RS-449 是 1977 年由 EIA 发表的标准，它规定了 DTE 和 DCE 之间的机械特性和电气特性。RS-449 是想取代 RS-232-C 而开发的标准，但是几乎所有数据通信设备厂家都仍然采用原来的标准，所以 RS-232-C 仍然是最受欢迎的接口而被广泛采用。

RS-449 的连接器使用 ISO 规格的 37 引脚及 9 引脚的连接器，2 次通道（返回字通道）电路以外的所有相互连接的电路都使用 37 引脚的连接器，而 2 次通道电路则采用 9 引脚连接器。

3）X.21

X.21 是对公用数据网中的同步式终端（DTE）与线路终端（DCE）间接口的规定。主要是对两个功能进行了规定：其一是与其他接口一样，对电气特性、连接器形状、相互连接电路的功能特性等的物理层做了规定；其二是为控制网络交换功能的网控制步骤，定义了网络层的功能。在专用线连接时只使用物理层功能，而在线路交换数据网中，则使用物理层和网络层的两个功能。

4）HDLC

HDLC 是可靠性高、高速传输的控制规程。其特点如下：可进行任意位组合的传输；可不等待接收端的应答，连续传输数据；错误控制严密；适合于计算机间的通信。HDLC 相当于 OSI 基本参照模型的数据链路层部分的标准方式的一种。HDLC 的适用领域很广，近代协议的数据链路层大部分都是基于 HDLC 的。

5）FDDI

FDDI 的传输速度为 100Mbps，传输媒体为光纤，是令牌控制的 LAN。FDDI 的物理传输时钟速度是 125MHz，但实际速度只有 100Mbps。可实际连接的工作站数最多有 500 个，但推荐使用 100 个以下。FDDI 的连接形态基本上有两种：一种是用一次环路和二次环路的两个环构成的环形结构；另一种是以集线器为中心构成树状结构。工作站间的距离用光纤为 2km，用双绞线则为 100m。但对单模光纤制定了结点间的距离可以延长到超过 2km 以上的标准。

FDDI 有三种接口：DAS（双配件站）、SAS（单配件站）、集线器（Concentrater）。通常仅使用一次环路，二次环路作为预备用系统处于备用状态。

6）SNMP

使用 SNMP 管理模型，对 Internet 进行管理协议，是在 TCP/IP 应用层进行工作的。其优点为不依赖于网络物理层属性即可规定协议，对全部网络与管理可以采用共同的协议，管理者与被管理者之间可采用客户/服务器的方式，可称为代理（工具）；如果管理者作为客户机工作，可称为管理器或管理站。代理的功能应该包括对操作系统与网络管理层的管理，取得有关对象七层信息，并利用 SNMP 网络管理协议将该信息通知管理者。管理者应要求将有关对象信息存储在代理中所含的 MIB（管理信息库）的虚拟数据库里。

7）PPP

PPP（Point to Point Protocol，点对点协议）是在点对点线路中对包括 IP 在内的 LAN 协议进行中继的 Internet 标准协议。在用 PPP 对各个网络层协议进行中继的时候，每个网络层协议必须有某个对应于 PPP 的规格。

PPP 是由两种协议构成的：一种是为确保不依存于协议的数据链路而采用的 LCP（数据链路控制协议）；另一种是为实现在 PPP 环境中利用网络层协议控制功能而采用的 NCP（网络控制协议）。PPP 帧具有传输 LCP 和 NCP 及网络层协议的功能。

8）HTTP

HTTP（Hypertext Transfer Protocol，超文本传输协议）是互联网上应用最为广泛的一种网络协议。所有的 WWW 文件都必须遵守这个标准。设计 HTTP 最初的目的是提供一种发布和接收 HTML 页面的方法。1960 年美国人 Ted Nelson 构思了一种通过计算机处理文本信息的方法，并称之为超文本（hypertext），这成为 HTTP 超文本传输协议标准架构的发展根基。Ted Nelson 组织协调万维网协会（World Wide Web Consortium）和因特网工程工作组（Internet Engineering Task Force）共同合作研究，最终发布了一系列的征求意见稿（RFC），其中著名的 RFC 2616 定义了 HTTP 1.1。

9）SMTP

SMTP（Simple Mail Transfer Protocol，简单邮件传输协议）是一组用于由源地址到目的地址传送邮件的规则，由它来控制信件的中转方式。SMTP 属于 TCP/IP 协议族，它帮助每台计算机在发送或中转信件时找到下一个目的地。通过 SMTP 所指定的服务器，就可以把 E-mail 寄到收信人的服务器上了，整个过程只要几秒钟。SMTP 服务器则是遵循 SMTP 发送邮件的服务器。它使用由 TCP 提供的可靠的数据传输服务把邮件消息从发信人的邮件服务器传送到收信人的邮件服务器。

跟大多数应用层协议一样，SMTP 也存在两个端：在发信人的邮件服务器上执行的客户端和在收信人的邮件服务器上执行的服务器端。SMTP 的客户端和服务器端同时运行在每个邮件服务器上。当一个邮件服务器向其他邮件服务器发送邮件消息时，它是作为 SMTP 客户端在运行。

SMTP 与人们面对面交流的礼仪有许多相似之处。首先，运行在发送端邮件服务器主机上的 SMTP 客户端，发起建立一个到运行在接收端邮件服务器主机上的 SMTP 服务器端口号 25 之间的 TCP 连接。如果接收邮件服务器当前不在工作，SMTP 客户端就等待一段时间后再尝试建立该连接。SMTP 客户端和服务器端先执行一些应用层握手操作，就像人们在交流之前往往先自我介绍那样，SMTP 客户端和服务器端也在传送信息之前先自我介绍一下。在这个 SMTP 握手阶段，SMTP 客户向服务器分别指出发信人和收信人的电子邮件地址。彼此自我介绍完毕之后，客户端发出邮件消息。

10）POP

POP（Post Office Protocol，邮局协议）用于电子邮件的接收，它使用 TCP 的 110 端口。现在常用的是第三版，所以简称为 POP3。

POP3 仍采用 Client/Server 工作模式，Client 被称为客户端，一般我们日常使用电脑都是作为客户端，而 Server（服务器）则是网管人员进行管理的。举个形象的例子，Server 是许多小信箱的集合，就像我们所居住楼房的信箱结构，而客户端就好比是一个人拿着钥匙去信箱开锁取信一样。

11）WAP

WAP（Wireless Application Protocol，无线应用协议）是在数字移动电话、互联网或其他个人数字助理机（PDA）、计算机应用乃至未来的智能家电之间进行通信的全球性开放标准。这一标准的诞生是 WAP 论坛成员努力的结果，WAP 论坛是在 1997 年 6 月，由诺基亚、爱立信、摩托罗拉和无线星球（Unwired Planet）共同组成的。

通过 WAP，就可以将 Internet 的大量信息及各种各样的业务引入移动电话、PALM 等无线终端中。无论你在何地、何时需要信息，都可以打开 WAP 手机，享受无穷无尽的网上信息或者网上资源。

WAP 能够运行于各种无线网络之上，如 GSM、GPRS、CDMA 等。

练习题

一、选择题

1. 交换机依据什么决定转发数据帧？（　　　）

A. IP 地址和 MAC 地址表　　　　　　　B. MAC 地址和 MAC 地址表

C. IP 地址和路由表　　　　　　　　　D. MAC 地址和路由表

2. 下面哪一项不是交换机的主要功能？（　　　）

A. 学习

B. 监听信道

C. 避免冲突

D. 转发/过滤

3. 下面哪种提示符表示交换机现在处于特权模式？（　　　）

A. Switch>

B. Switch#

C. Switch（config）#

D. Switch（config-if）#

4. 在第一次配置一台新交换机时，只能通过哪种方式进行？（　　　）

A. 通过控制口连接进行配置

B. 通过 Telnet 连接进行配置

C. 通过 Web 连接进行配置

D. 通过 SNMP 连接进行配置

5. 一个 Access 接口可以属于多少个 VLAN？（　　　）

A. 仅一个 VLAN

B. 最多 64 个 VLAN

C. 最多 4094 个 VLAN

D. 依据管理员设置的结果而定

6. 管理员设置交换机 VLAN 时，可用的 VLAN 号范围是（　　　）

A. 0～4096

B. 1～4096

C. 0～4095

D. 1～4094

7. 当要使一个 VLAN 跨越两台交换机时，需要哪个特性支持？（　　　）

A. 用三层交换机连接两层交换机

B. 用 Trunk 接口连接两台交换机

C. 用路由器连接 2 台交换机

D. 2 台交换机上 VLAN 的配置必须相同

8. 交换机 Access 接口和 Trunk 接口有什么区别？（　　　）

A. Access 接口只能属于 1 个 VLAN，而一个 Trunk 接口可以属于多个 VLAN

B. Access 接口只能发送不带 tag 的帧，而 Trunk 接口只能发送带有 tag 的帧

C. Access 接口只能接收不带 tag 的帧，而 Trunk 接口只能接收带有 tag 的帧

D. Access 接口的默认 VLAN 就是它所属的 VLAN，而 Trunk 接口可以指定默认 VLAN

9. 哪些类型的帧会被泛洪到除接收端口以外的其他端口？（　　　）

A. 已知目的地址的单播帧

B. 未知目的地址的单播帧

C. 多播帧

D. 广播帧

10. STP 是如何构造一个无环路拓扑的？（　　　）

A. 阻塞根网桥

B. 阻塞根端口

C. 阻塞指定端口

D. 阻塞非根非指定的端口

11. 对于一个处于监听状态的端口，以下哪项是正确的？（　　　）

A. 可以接收和发送 BPDU，但不能学习 MAC 地址

B. 既可以接收和发送 BPDU，也可以学习 MAC 地址

C. 可以学习 MAC 地址，但不能转发数据帧

D. 不能学习 MAC 地址，但可以转发数据帧

12. 以下哪项关于 RIPv1 和 RIPv2 的描述是正确的？（　　　）

A. RIPv1 是无类路由，RIPv2 使用 VLSM

B．RIPv2 是默认的，RIPv1 是必须配置的

C．RIPv2 可以识别子网，RIPv1 是有类路由协议

D．RIPv1 用跳数作为度量值，RIPv2 则是使用跳数和路径开销的综合值

13．默认路由是（　　）。

A．一种静态路由　　　　　　　　　　B．所有非路由数据包在此进行转发

C．最后求助的网关　　　　　　　　　D．以上都是

14．关于静态路由的描述正确的是（　　　）。

A．手工输入路由表中且不会被路由协议更新

B．一旦网络发生变化就被重新计算更新

C．路由器出厂时就已经配置好的

D．通过其他路由协议学习到的

15．路由表中的 0.0.0.0 指的是（　　　）。

A．静态路由　　　　　　　　　　　　B．默认路由

C．RIP 路由　　　　　　　　　　　　D．动态路由

16．RIP 路由协议依据什么判断最优路由？（　　　）

A．带宽　　　　　　　　　　　　　　B．跳数

C．路径开销　　　　　　　　　　　　D．延迟时间

17．RIP 协议相邻路由器发送更新时，（　　　）秒更新一次。

A．30　　　　　　　　　　　　　　　B．20

C．15　　　　　　　　　　　　　　　D．40

18．RIP 路由协议的最大跳数是（　　　）。

A．25　　　　　　　　　　　　　　　B．16

C．15　　　　　　　　　　　　　　　D．1

19．RIP 路由器的管理距离是（　　　）。

A．90　　　　　　　　　　　　　　　B．100

C．110　　　　　　　　　　　　　　　D．120

20．RIP 路由器不会把从某台邻居路由器那里学来的路由信息再发回给它，这种行为被称为（　　　）。

A．水平分割　　　　　　　　　　　　B．出发更新

C．毒性逆转　　　　　　　　　　　　D．抑制

21．下面哪条命令用于检验路由器发送的路由协议？（　　　）

A．Router（config-router）#show route rip

B．Router（config）#show ip rip

C．Router#show ip rip route

D．Router#show ip route

22．如果要对 RIP 进行调试排错，应该使用（　　　）命令。

A．Router（config）#debug ip rip

B．Router#show router rip event

C. Router（config）#show ip interface

D. Router#debug ip rip

23. 哪种类型的 OSPF 分组可以建立和维持邻居路由器的比邻关系？（　　　）

　A. 链路状态请求　　　　　　　　　B. 链路状态确认

　C. Hello 分组　　　　　　　　　　D. 数据库描述

24. OSPF 默认的成本度量值是基于下列哪一项？（　　　）

　A. 延时　　　　　　　　　　　　　B. 带宽

　C. 效率　　　　　　　　　　　　　D. 网络流量

25. 下列关于 OSPF 协议的优点描述中正确的是（　　　）。

　A. 支持变长子网屏蔽码（VLSM）　　B. 无路由自环

　C. 支持路由验证　　　　　　　　　D. 对负载分担的支持性能较好

26. OSPF 路由器的管理距离是（　　　）。

　A. 90　　　　　　　　　　　　　　B. 100

　C. 110　　　　　　　　　　　　　D. 120

27. 访问控制列表是路由器的一种安全策略，假设要用一个标准 IP 访问列表来做安全控制，以下为标准访问列表的例子是（　　　）。

　A. access-list standard 192.168.10.23

　B. access-list 10 deny 192.168.10.23 0.0.0.0

　C. access-list 101 deny 192.168.10.23 0.0.0.0

　D. access-list 101 deny 192.168.10.23 255.255.255.255

28. 标准 IP 访问列表的号码范围是（　　　）。

　A. 1～99　　　　　　　　　　　　B. 100～199

　C. 800～899　　　　　　　　　　D. 900～999

29. 以下情况中可以使用访问控制列表准确描述的是（　　　）。

　A. 禁止有 CIH 病毒的文件到我的主机

　B. 只允许系统管理员可以访问我的主机

　C. 禁止所有使用 Telnet 的用户访问我的主机

　D. 禁止使用 UNIX 系统的用户访问我的主机

30. 配置如下 2 条访问控制列表：

Access-list 1 permit 10.110.10.1 0.0.255.255

Access-list 2 permit 10.110.100.100 0.0.255.255

访问控制列表 1 和 2 所控制的地址范围关系是（　　　）。

　A. 1 和 2 的范围相同　　　　　　　B. 1 的范围在 2 的范围内

　C. 2 的范围在 1 的范围内　　　　　D. 1 和 2 的范围没有包含关系

31. 访问控制列表 Access-list 102 deny udp 129.9.8.10 0.0.0.255 202.38.160.10 0.0.0.255 gt 128 的含义是（　　　）。

　A. 规则序列号是 102，禁止从 202.38.160.0/24 网段的主机到 129.9.8.0/24 网段的主机使用端口大于 128 的 UDP 协议进行连接

B．规则序列号是 102，禁止从 202.38.160.0/24 网段的主机到 129.9.8.0/24 网段的主机使用端口小于 128 的 UDP 协议进行连接

C．规则序列号是 102，禁止从 129.9.8.0/24 网段的主机到 202.38.160.0/24 网段的主机使用端口大于 128 的 UDP 协议进行连接

D．规则序列号是 102，禁止从 129.9.8.0/24 网段的主机到 202.38.160.0/24 网段的主机使用端口小于 128 的 UDP 协议进行连接

32．标准访问控制列表以（　　　）作为判别条件。

A．数据包的大小　　　　　　　　　　B．数据包的源地址

C．数据包的端口号　　　　　　　　　D．数据包的目的地址

33．802.11a、802.11b 和 802.11g 的区别是什么？（　　　）

A．802.11a 和 802.11b 都工作在 2.4GHz 频段，而 802.11g 工作在 5 GHz 频段

B．802.11a 具有最大 54Mbps 带宽，而 802.11b 和 802.11g 只有 11Mbps 带宽

C．802.11a 的传输距离最远，其次是 802.11b，传输距离最近的是 802.11g

D．802.11g 可以兼容 802.11b，但 802.11a 和 802.11b 不能兼容

34．WLAN 技术是采用哪种介质进行通信的？（　　　）

A．双绞线　　　　　　　　　　　　　B．无线电

C．广播　　　　　　　　　　　　　　D．电缆

35．在 802.11g 协议标准下，有多少个互不重叠的信道？（　　　）

A．2 个　　　　　　　　　　　　　　B．3 个

C．4 个　　　　　　　　　　　　　　D．没有

36．下列协议标准中，哪个标准的传输速率是最快的？（　　　）

A．802.11a　　　　　　　　　　　　B．802.11g

C．802.11n　　　　　　　　　　　　D．802.11b

37．在无线局域网中，下列哪种方式是对无线数据进行加密的？（　　　）

A．SSID 隐藏　　　　　　　　　　　B．MAC 地址过滤

C．WEP　　　　　　　　　　　　　　D．802.1x

38．在以下传输介质中，抗电磁干扰最高的是（　　　）。

A．双绞线　　　　　　　　　　　　　B．光纤

C．同轴电缆　　　　　　　　　　　　D．微波

39．在共享介质以太网中，中继器的数量必须在（　　　）以内。

A．2 个　　　　　　　　　　　　　　B．4 个

C．9 个　　　　　　　　　　　　　　D．12 个

40．FDDI 中副环的主要功能是（　　　）。

A．副环和主环交替工作

B．主环忙时，副环帮助传输数据

C．主环发生故障，副环代替主环工作

D．主环发生故障，主环和副环构成一个新环

41. 在 RIP 中有三个重要的时钟，其中路由更新时钟一般设为（　　　）。

A. 30 秒
B. 90 秒

C. 270 秒
D. 不确定

42. 一般的 100BASE-TX 结构是采用下列哪一种接头（　　　）。

A. AUI 接头
B. BNC 接头

C. T 形接头
D. RJ-45 接头

43. FDDI 是（　　　）的缩略语。

A. 快速数字数据接口
B. 快速分布式数据接口

C. 光纤数字数据接口
D. 光纤分布式数据接口

44. 用一个共享式集线器把几台计算机连接成网，这个网是（　　　）。

A. 物理结构是星形连接，而逻辑结构是总线型连接

B. 物理结构是星形连接，而逻辑结构也是星形连接

C. 实质上还是星形结构的连接

D. 实质上变成网状结构的连接

45. 以太网交换机可以堆叠主要是为了（　　　）。

A. 将几台交换机难叠成一台交换机
B. 增加端口数量

C. 增加交换机的带宽
D. 以上都是

46. RIP 路由算法所支持的最大 HOP 数为（　　　）。

A. 10
B. 15

C. 16
D. 32

47. 术语"带宽"是指（　　　）。

A. 网络的规模
B. 连接到网络中的结点数目

C. 网络所能携带的信息数量
D. 网络的物理线缆连接的类型

48. ATM 传输的数据单位是信元，它的长度是（　　　）。

A. 53 字节
B. 5 字节

C. 48 字节
D. 64 字节

49. 路由器中时刻维持着一张路由表，这张路由表可以是静态配置的，也可以是由（　　　）产生的。

A. 生成树协议
B. 链路控制协议

C. 动态路由协议
D. 被承载网络层协议

50. 路由器（Router）是用于连接（　　　）逻辑上分开的网络。

A. 1 个
B. 2 个

C. 多个
D. 无数个

51. 与动态路由协议相比，静态路由的特点是（　　　）。

A. 带宽占用少

B. 路由器能自动发现网络拓扑变化

C. 不会产生路由环路

D. 路由器能自动计算新的路由

52．企业 Intranet 要与 Internet 互联，必需的互联设备是（　　）。

A．中继器　　　　　　　　　　　　B．调制解调器

C．交换器　　　　　　　　　　　　D．路由器

53．决定局域网特性的主要技术有：传输媒体、拓扑结构和媒体访问控制技术，其中最重要的是（　　）。

A．传输媒体　　　　　　　　　　　B．拓扑结构

C．传输媒体和拓扑结构　　　　　　D．媒体访问控制技术

54．查看路由器上的所有保存在 NVRAM 中的配置数据应在特权模式下输入命令（　　）。

A．show running-config　　　　　　B．show interface

C．show startup-config　　　　　　D．show memory

55．网桥的功能是（　　）。

A．网络分段　　　　　　　　　　　B．隔离广播

C．LAN 之间的互联　　　　　　　　D．路径选择

56．下面哪种网络互联设备和网络层关系最密切？（　　）

A．中继器　　　　　　　　　　　　B．交换机

C．路由器　　　　　　　　　　　　D．网关

57．（　　）不是路由器的功能。

A．第二层的特殊服务　　　　　　　B．路径选择

C．隔离广播　　　　　　　　　　　D．安全性与防火墙

58．一台交换机的（　　）反映了它能连接的最大结点数。

A．接口数量　　　　　　　　　　　B．网卡的数量

C．支持的物理地址数量　　　　　　D．机架插槽数

59．用有线电视网上网，必须使用的设备是（　　）。

A．Modem　　　　　　　　　　　　B．HUB

C．Bridge　　　　　　　　　　　　D．Cable Modem

60．能配置 IP 地址的提示符是（　　）。

A．Router>　　　　　　　　　　　　B．Router#

C．Router（config）#　　　　　　　D．Router（config-if）#

61．下面哪项内容是路由信息中所不包含的？（　　）

A．源地址　　　　　　　　　　　　B．下一跳

C．目标网络　　　　　　　　　　　D．路由权值

62．在网络中，网桥的缺点是（　　）。

A．网络操作复杂　　　　　　　　　B．传输速度慢

C．网桥无法进行流量控制　　　　　D．设备复杂不易维护

63．路由器是一种用于网络互联的计算机设备，但它并不具备的功能是（　　）。

A．路由功能　　　　　　　　　　　B．多层交换

C．支持两种以上的子网协议　　　　D．具有存储、转发、寻径功能

64. 以下对于缺省路由描述中正确的是（　　　）。

A. 缺省路由是优先被使用的路由

B. 缺省路由是最后一条被使用的路由

C. 缺省路由是一种特殊的静态路由

D. 缺省路由是一种特殊的动态路由

65. 连接两个 TCP/IP 局域网要求什么硬件？（　　　）

A. 网桥　　　　　　　　　　　　B. 路由器

C. 集线器　　　　　　　　　　　D. 以上都是

66. 具有隔离广播信息功能的网络互联设备是（　　　）。

A. 网桥　　　　　　　　　　　　B. 中继器

C. 路由器　　　　　　　　　　　D. L2 交换器

二、多项选择题

1. 在局域网内使用 VLAN 的好处是什么？（　　　）

A. 可以减少网络管理员的配置工作量

B. 广播可以得到控制

C. 局域网的容量可以扩大

D. 可以通过部门等将用户分组，打破了物理位置的限制

2. 下列关于 SVI 接口的描述哪些是正确的？（　　　）

A. SVI 接口是虚拟的逻辑接口

B. SVI 接口的数量是由管理员设置的

C. SVI 接口可以配置 IP 地址作为 VLAN 的网关

D. 只在三层交换机具有 SVI 接口

3. 下面是路由器带内登录方式的有（　　　）。

A. 通过 Telnet 登录　　　　　　　B. 通过超级终端登录

C. 通过 Web 方式登录　　　　　　D. 通过 SNMP 方式登录

4. 防止路由环路可以采取的措施包括哪些？（　　　）

A. 路由毒化和水平分割　　　　　B. 水平分割和触发更新

C. 触发更新和抑制计时器　　　　D. 关闭自动汇总和触发更新

E. 毒性逆转和抑制计时器

5. 在 ACL 配置中，用于指定拒绝某一主机的配置命令有（　　　）。

A. deny 192.168.11.1 0.0.0.255　　B. deny 192.168.11.1 0.0.0.0

C. deny host 192.168.11.1　　　　D. deny deny

6. 访问控制列表具有哪些作用？（　　　）

A. 安全控制　　　　　　　　　　B. 流量过滤

C. 数据流量标识　　　　　　　　D. 流量控制

7. 下面是路由器端口的有（　　　）。

A. Console 端口　　　　　　　　B. AUX 端口

C. PCI 端口   D. RJ45 端口

8. 与一般的个人计算机相比较，服务器具有（　　）特点。

A. 可扩展性   B. 易用性

C. 易管理性   D. 高可用性

本章实训

实训一　网络设备物理连接

一、实训目标

通过实训，学生需要掌握以下技能：

（1）识别网络拓扑图。

（2）掌握双绞线 T568A 和 T568B 线序。

（3）掌握压线钳、剥线钳、米勒钳、光纤切割刀的使用方法。

（4）掌握光纤熔接机的规范使用方法。

二、设备（以华为设备为例）

ISP、路由器、防火墙、核心交换机、接入交换机、终端、光纤熔接机及辅助材料、压线钳、六类双绞线、六类 RJ-45 水晶头。

三、网络拓扑图（图 2-1）

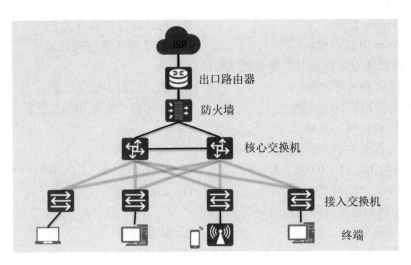

图 2-1　网络拓扑图

四、实训步骤（设备连接）

方案一：光纤连接

（1）光模块与光纤的选择（多模还是单模）；

（2）光纤熔接（注意光纤熔接损耗在规定范围内）；

（3）检测光纤通断；

（4）设备连接；

（5）设备接通电源，查看线路连接指示灯是否正常工作。

方案二：双绞线连接

（1）选取合适的双绞线长度。

（2）按标准压制水晶头（A 标准或 B 标准）。设备连接双绞线线头标准：同种设备连接，双绞线线头两端都是 AA 或 BB；不同种设备连接，双绞线线头两端为 AB 或 BA。

（3）检测双绞线两头是否接通。

（4）设备连接。

（5）接通电源，查看线路连接指示灯是否正常工作。

实训二　网络设备配置

一、实训目标

通过实训，学生需要掌握以下技能：

（1）了解 ISP、路由器、防火墙、核心交换机、的基本功能。

（2）掌握 ISP、路由器、防火墙、核心交换机基本配置命令

（3）了解并掌握设备基本配置策略。

二、设备（以华为设备为例）

ISP、路由器、防火墙、核心交换机、接入交换机、终端、设备配置线、设备调试软件。

三、网络拓扑图（图 2-2）

四、设备配置

1. 涉及设备

（1）出口路由器；

（2）防火墙；

（3）核心交换机；

（4）接入交换机。

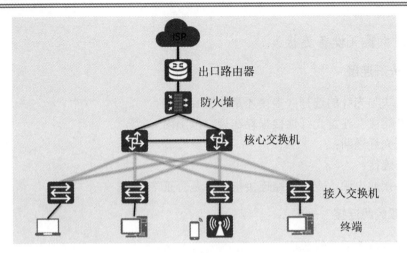

图2-2　网络拓扑图

2．涉及的 IP 地址

内网 IP 地址：

192.168.0.0/24（用户侧）VLAN100

192.168.1.0/24（用户侧）VLAN200

192.168.2.0/24（用户侧）VLAN300

192.168.3.0/24（用户侧）VLAN400

172.16.100.0/30（设备互联地址）

172.16.100.4/30（设备互联地址）VLAN1000

172.16.100.8/30（设备互联地址）VLAN2000

3．出口路由器配置

1）外网部分 1

运营商提供 PPPoE 拨号方式上网。

（1）进入设备用 Console 线连接出口路由器，打开电脑超级终端。

配置 dialer 接口：

```
<Huawei> system-view        //进入配置模式
[Huawei] interface dialer 1        //创建 dialer 接口序号为 1
[Huawei-dialer1] dialer user user1  //创建 dialer 的名字（DCC 按需拨号）
[Huawei-dialer1] dialer bundle 2    //将其绑定到一个物理编号上之后也会在物理接口上
使用
[Huawei-dialer1] ppp chap user   xxxx //配置 LSP 提供的拨号的用户名
[Huawei-dialer1] ppp chap password cipher xxxxxxx   //配置 LSP 提供的密码
[Huawei-dialer1] IP address ppp-negotiate //配置从 PPP 的服务器端获取密码
[Huawei-dialer1] quit        //退出
```

（2）将物理接口绑定到指定的拨号端口。

进入物理接口：

[Huawei] interface g0/0/2 　　//进入连接 LSP 光猫接口

[Huawei-GigabitEthernet0/0/2] pppoe-client dial-bundle-number 2 　　//指定 PPPoE 会话对应的 dialer Bundle

[Huawei-GigabitEthernet0/0/2] quit //退出

（3）对私网的地址进行地址转换之后访问公网。

[Huawei] acl number 3001 　　//创建访问控制列表 3001

[Huawei -acl-adv-3002] rule 5 permit ip source 192.168.0.0　0.0.3.255 　//将内网需要访问的 IP 地址用 ACL 表示出来

[Huawei -acl-adv-3002] quit 　　//退出 ACL 编辑模式

[Huawei] interface dialer 1 　　//进入 dialer 接口

[Huawei -Dialer1] nat outbound 3001 　//使用 NAT 地址转换出方向

[Huawei -Dialer1] quit 　　　　　　//退出 dialer 接口

（4）配置静态路由使得内网可以访问外网。

[Huawei] ip route-static 0.0.0.0 0 dialer 1 　//配置静态路由

2）外网部分 2

运营商提供 IP 方式上网。

（1）进入物理接口。

[Huawei] interface g0/0/2 　　//进入连接 LSP 光猫接口

[Huawei-GigabitEthernet0/0/2] ip address x.x.x.x x 　//配置 LSP 提供的 IP 地址

[Huawei-GigabitEthernet0/0/2] quit //退出

（2）对私网的地址进行地址转换之后访问公网。

[Huawei] acl number 3001 　　//创建访问控制列表 3001

[Huawei -acl-adv-3002] rule 5 permit ip source 192.168.0.0　0.0.3.255 　//将内网需要访问的 IP 地址用 ACL 表示出来

[Huawei -acl-adv-3002] quit 　　//退出 ACL 编辑模式

[Huawei] interface g0/0/2 　　//进入 dialer 接口

[Huawei - GigabitEthernet0/0/2] nat outbound 3001 　//使用 NAT 地址转换出方向

[Huawei - GigabitEthernet0/0/2] quit 　　　　//退出 dialer 接口

（3）配置静态路由使得内网可以访问外网。

[Huawei] ip route-static 0.0.0.0 0 x.x.x.x 　//配置静态路由

3）内网部分

（1）配置互联接口地址。

[Huawei] interface g0/0/1 　　//进入路由器与防火墙相连接口

[Huawei- GigabitEthernet0/0/1] IP address 172.16.100.1 30 　　//配置 IP 地址和掩码信息

[Huawei- GigabitEthernet0/0/1] quit 　　//退出

（2）配置动态路由协议使得内网设备可以互相学习到路由条目。

[Huawei] ospf 1　　//创建 OSPF1 进程

[Huawei-ospf-1] area 0　　//创建区域 0

[Huawei-ospf-1-area-0.0.0.0] network 172.16.100.1 0.0.0.0　　//宣告自己的接口地址进入 OSPF 进程中

[Huawei-ospf-1-area-0.0.0.0] quit　　//退出

[Huawei-ospf-1] default-route-advertise　　//向自己的 OSPF 区域中发布默认路由

[Huawei-ospf-1] quit　　//退出 OSPF 界面

4. 防火墙配置

（1）配置接口信息。

<HUAWEI> system-view　　//进入配置模式

[HUAWEI] interface GigabitEthernet 0/0/1　　//进入接口模式

[HUAWEI-GigabitEthernet0/0/1] ip address 172.16.100.2 255.255.255.252　　//配置与路由器互联接口地址

[HUAWEI-GigabitEthernet0/0/1] quit　　//退出当前模式

[HUAWEI] interface GigabitEthernet 0/0/3　　//进入接口模式

[HUAWEI-GigabitEthernet0/0/3] ip address 172.16.100.5 255.255.255.252　　//配置与交换机互联接口地址

[HUAWEI-GigabitEthernet0/0/3] quit　　//退出当前接口模式

[HUAWEI] interface GigabitEthernet 0/0/2　　//进入接口模式

[HUAWEI-GigabitEthernet0/0/2] IP address 172.16.100.9 255.255.255.252　　//配置与交换机互联接口地址

[HUAWEI-GigabitEthernet0/0/2] quit　　//退出当前接口模式

（2）将不同接口划分到不同安全区域中。

[HUAWEI] firewall zone untrust　　//进入 untrust 区域

[HUAWEI-zone-untrust] add interface GigabitEthernet 0/0/1　　//将连接路由器的接口划分到 untrust 中（默认安全级别为 5）

[HUAWEI-zone-untrust] quit　　//退出

[HUAWEI] firewall zone trust　　//进入 trust 区域

[HUAWEI-zone-trust] add interface GigabitEthernet 0/0/3　　//将连接交换机接口划分到 trust 区域中（默认安全级别为 85）

[HUAWEI-zone-trust] add interface GigabitEthernet 0/0/2

[HUAWEI-zone-trust] quit　　//退出

（3）配置安全策略。

[HUAWEI] security-policy　　//进入安全策略模式

[HUAWEI-security-policy] rule name policy_sec_1　　//创建名字为 policy_sec_1 的策略

[HUAWEI-security-policy-sec_policy_1] source-address 192.168.0.0 mask 255.255.252.0

//匹配源地址

[HUAWEI-security-policy-sec_policy_1] source-zone trust　　//设置源区域

[HUAWEI-security-policy-sec_policy_1] destination-zone untrust　　//设置目的区域

[HUAWEI-security-policy-sec_policy_1] action permit　　//设置该源到目的为允许

[HUAWEI-security-policy-sec_policy_1] quit　　　　//退出当前安全策略

[HUAWEI-security-policy] quit　　　　　　//退出安全策略模式

（4）启用 OSPF 进程。

[HUAWEI] ospf　　　//创建 OSPF 进程 1

[HUAWEI_A-ospf-1] area 0　　//创建区域 0

[HUAWEI_A-ospf-1-area-0.0.0.0] network 172.16.100.2 0.0.0.0　　//宣告接口地址信息

[HUAWEI_A-ospf-1-area-0.0.0.0] network 172.16.100.5 0.0.0.0

[HUAWEI_A-ospf-1-area-0.0.0.0] network 172.16.100.9 0.0.0.0

[HUAWEI_A-ospf-1-area-0.0.0.0] quit

[HUAWEI_A-ospf-1] quit

5．核心交换机配置

（1）为便于识别交换机信息，将交换机配置为 SwitchA、SwitchB。

<HUAWEI> system-view

[HUAWEI] sysname SwitchA　　　　//修改交换机命名

<HUAWEI> system-view

[HUAWEI] sysname SwitchB　　　　//修改交换机命名

（2）设置交换机 A 为主设备，B 为备交换机。

[SwitchA] stack slot 0 priority 200 //设置 A 交换机堆叠优先级为 200（默认优先级为 100）

[SwitchB] stack slot 0 renumber 1　//修改备交换机堆叠号为 1

[SwitchA] quit

<SwitchA> save　　//保存配置

[SwitchB] quit

<SwitchB> save　　//保存配置

（3）下电重启两台核心交换机。

（4）检查设备是否堆叠成功。

<SwitchA> display stack　　//查看当前堆叠系统基本信息

（5）堆叠成功后，两台设备逻辑规划成为一台设备，所以配置的信息是同步的，只需要在一台设备上配置即可。

（6）配置业务的 VLAN 划分。

<SwitchA> system-view

[SwitchA] vlan batch 100 200 300 400 1000 2000　//创建 VLAN 100 200 300 400 1000 2000

[SwitchA] interface vlanif 100

[SwitchA-vlan100] ip address 192.168.0.1 24　　//配置核心交换机 VLAN100 的 IP 地址

[SwitchA-vlan100] quit

[SwitchA] interface vlanif 200

[SwitchA-vlan200] ip address 192.168.1.1 24

[SwitchA-vlan200] quit

[SwitchA] interface vlanif 300

[SwitchA-vlan300] ip address 192.168.2.1 24

[SwitchA-vlan300] quit

[SwitchA] interface vlanif 400

[SwitchA-vlan400] ip address 192.168.3.1 24

[SwitchA-vlan400] quit

[SwitchA] interface vlanif 1000

[SwitchA-vlan1000] ip address 172.16.100.6 30

[SwitchA-vlan1000] quit

[SwitchA] interface vlanif 2000

[SwitchA-vlan2000] ip address 172.16.100.10 30

[SwitchA-vlan2000] quit

（7）开启 DHCP 功能使得终端可以获取 IP 地址。

[SwitchA] dhcp enable　　//开启 DHCP 功能

[SwitchA] interface vlanif 100

[SwitchA-vlan100] dhcp select interface　　//开启接口采用接口地址池的 DHCP Server 功能

[SwitchA-vlan100] dhcp server dns-list 114.114.114.114　　//配置获取到的 DNS 信息

[SwitchA-vlan100] quit

[SwitchA] interface vlanif 200

[SwitchA-vlan200] dhcp select interface

[SwitchA-vlan200] dhcp server dns-list 114.114.114.114

[SwitchA-vlan200] quit

[SwitchA] interface vlanif 300

[SwitchA-vlan300] dhcp select interface

[SwitchA-vlan300] dhcp server dns-list 114.114.114.114

[SwitchA-vlan300] quit

[SwitchA] interface vlanif 400

[SwitchA-vlan400] dhcp select interface

[SwitchA-vlan400] dhcp server dns-list 114.114.114.114

[SwitchA-vlan400] quit

（8）配置核心交换机与防火墙互联接口。

[SwitchA] interface GigabitEthernet 0/0/1

[SwitchA - GigabitEthernet0/0/1] port link-type access　　//将接口模式改为 access 模式

[SwitchA - GigabitEthernet0/0/1] port default vlan 1000　　//将连接防火墙的接口配置为

VLAN 1000

[SwitchA – GigabitEthernet0/0/1] quit

[SwitchA] interface GigabitEthernet 0/0/2

[SwitchA – GigabitEthernet0/0/2] port link-type access

[SwitchA – GigabitEthernet0/0/2] port default vlan 2000　//将连接防火墙的接口配置为 VLAN 2000

[SwitchA – GigabitEthernet0/0/2] quit

（9）配置核心交换机和接入交换机互联接口。

[SwitchA] interface eth-trunk 1　//创建 eth-trunk1 接口

[SwitchA-Eth-Trunk1] port link-type trunk　//将接口改为 trunk 模式

[SwitchA-Eth-Trunk1] port trunk allow-pass vlan 100 200 300 400　//配置允许通过的 VLAN

[SwitchA-Eth-Trunk1] trunkport GigabitEthernet 0/0/24 1/0/24　//将下面连接的同一台交换机的两个接口绑定到同一个 eth-trunk 中

其他与接入交换机互联的接口也是一样。

（10）配置路由。

[SwitchA] ospf

[SwitchA-ospf-1] area 0

[SwitchA-ospf-1-area-0.0.0.0] network 172.16.100.6 0.0.0.0

[SwitchA-ospf-1-area-0.0.0.0] network 172.16.100.10 0.0.0.0

[SwitchA-ospf-1-area-0.0.0.0] network 192.168.0.1 0.0.0.0

[SwitchA-ospf-1-area-0.0.0.0] network 192.168.1.1 0.0.0.0

[SwitchA-ospf-1-area-0.0.0.0] network 192.168.2.1 0.0.0.0

[SwitchA-ospf-1-area-0.0.0.0] network 192.168.3.1 0.0.0.0

[SwitchA-ospf-1-area-0.0.0.0] quit

[SwitchA-ospf-1] quit

（11）检查路由是否正常。

[SwitchA] display ip routing-table　//查看路由表

[SwitchA] display ospf peer　//检查 OSPF 邻居信息

6．接入交换机配置

（1）配置接入交换机的上行接口。

<Huawei> system-view

[Huawei] vlan batch 100 200 300 400　//创建业务 VLAN

[Huawei] interface eth-trunk 1　//创建 eth-trunk 接口

[Huawei-Eth-trunk1] port link-type trunk　//接口模式为 Trunk

[Huawei-Eth-trunk1] port trunk allow-pass vlan 100 200 300 400　//允许通过的 VLAN

[Huawei-Eth-trunk1] trunkport GigabitEthernet 0/0/23 0/0/24　//将接口划分到 eth-trunk

[Huawei-Eth-trunk1] quit

（2）配置连接下行终端用户的接口信息。

[Huawei] interface GigabitEthernet 0/0/1

[Huawei－GigabitEthernet0/0/1] port link-type access

[Huawei－GigabitEthernet0/0/1] port default vlan 100

[Huawei－GigabitEthernet0/0/1] quit

如果多个接口都是一个配置，可以使用如下命令：

[Huawei] interface range gigabitethernet 0/0/1 to gigabitethernet 0/0/5　//创建临时接口组

[Huawei-port-group] port link-type access

[Huawei-port-group] port default vlan 100

[Huawei-port-group] quit

第3章 网络空间信息安全

3.1 信息内容安全概述

人类社会已经进入信息化时代，信息技术革命日新月异，对国际政治、经济、文化、军事等领域的发展产生了深刻影响。信息化和经济全球化相互促进，互联网已经融入社会生活的方方面面，深刻改变了人们的生产和生活方式。我国正处在这个大潮之中，受到的影响越来越深。据 2017 年中国互联网络信息中心（CNNC）发布的《中国互联网络发展状况统计报告》显示，截至 2016 年 12 月，中国网民规模达 7.31 亿，相当于欧洲人口总量，互联网普及率达到 53.2%。手机网民占比达 95.1%，手机网上支付的比例达 67.5%；32.7%的网民使用线上政务办事，互联网推动了服务型政府建设及信息公开；上市互联网企业数量达到 91 家，总市值突破 5 万亿；中国企业信息化基础全面普及，"互联网+"传统产业融合加速。互联网作为继报纸、广播和电视之后的重要新型传播媒体，给人们提供了生活上的极大便利，如即时通信、搜索引擎、网上购物、网络社交、电子邮件、网络银行等。互联网的发展已经深刻改变了人们生活和工作的方式。

然而，互联网在创造出巨大的经济效益和社会效益的同时，也带来了一些负面影响。如不良信息在网络上大量传播，垃圾电子邮件等不正当行为泛滥，还有利用网络传播盗版的音像制品、软件等侵犯版权的行为，网络诈骗以及网络暴力和网络恐怖主义活动等。这些非法信息严重地阻碍经济的正常发展，甚至危害到社会稳定及国家安全。

因此，在建设信息化社会的过程中，提高信息安全保障水平以及增强对互联网中各种不良信息的监测能力，是提高国家信息技术水平的重要一环，也是顺利建设信息化社会的坚实基础。

针对互联网中信息内容安全的研究有着十分重要的意义。信息内容的主要表现形式包括文本图像、音频、视频等，如电子文档、电子邮件、网络新闻、JPEG 图像等，目前常泛指互联网的半结构化和非结构化数据，包括文本数据和多媒体数据等。信息内容具有数字化、多样性、易复制、易分发、交互性等特点。由于互联网具有开放性、共享性、动态性、自由性等特点，信息内容安全面临着严峻的挑战。除信息内容泄露、篡改、破坏、黑客攻击、计算机病毒等传统信息安全威胁外，信息内容安全还存在以下威胁。

1. 互联网上非法内容的传播

关于非法内容的界定，在我国 2000 年颁布的《互联网信息服务管理办法》第十五条中有相关规定：反对宪法所确定的基本原则的；危害国家安全，泄露国家秘密，颠覆国家政权，破坏国家统一的；损害国家荣誉和利益的；煽动民族仇恨、民族歧视，破坏民族团结的；破坏国家宗教政策，宣扬邪教和封建迷信的；散布谣言，扰乱社会秩序，破坏社会稳定的；散布淫秽、色情、赌博、暴力、凶杀、恐怖或者教唆犯罪的；侮辱或者诽谤他人，侵害他人合法权益的；含有法律、行政法规禁止的其他内容的。

随着互联网业务的迅速发展，互联网上的信息内容出现了爆炸式的增长，由于缺乏对网络活的有效监督和管理，互联网内容安全风险不断增加，在网络上传播赌博、色情、暴力、反动、诈骗、诽谤等内容的事件层出不穷，严重污染了整个互联网的环境。

2. 互联网上垃圾信息内容过载

垃圾短信和垃圾邮件是常见的两类垃圾信息。

据腾讯发布的《2018 年度互联网安全报告》指出，2018 年腾讯手机管家用户举报的垃圾短信总量高达 18.21 亿次。

报告显示，2018 年木马病毒的增长趋缓，数量庞大的垃圾短信和诈骗电话仍然"虎视眈眈"，陌生网址潜藏诈骗风险，不容忽视。2018 年新增病毒包 800.62 万个，增长趋势放缓（如图 3-1 所示），但 APP 端潜藏的木马病毒风险不容小觑。报告盘点了 2018 年十大安全事件，其中勒索类恶意软件、新型挖矿类恶意软件等影响极为严重，轻则遭遇广告骚扰，重则造成财产损失。但令人欣喜的是，支付类病毒的新增速度趋缓。新增病毒 800.62 万个中支付类病毒新增近 5.90 万个，均较 2017 年有所下降。

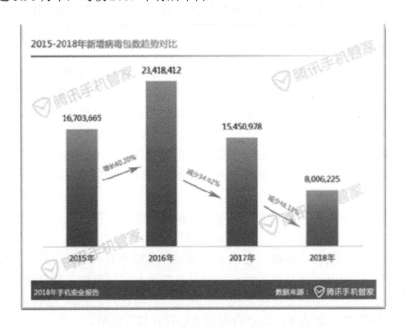

图 3-1 2015－2018 年新增病毒包数趋势对比

报告还显示，2018 年感染木马病毒的手机用户数量同样呈现下降的趋势，总量为 1.13 亿人，其中感染数量最多的省份是广东，占比为 10.24%。想要避开木马病毒，用户最好在等正规应用市场下载软件，同时使用第三方安全软件进行防护。

平时生活中，大家经常会收到来自商家的短信"问候"。而这类短信不仅是普通的广告推销，有一些可能暗藏"杀机"。2018 年十一期间，就出现了大量"95"开头的垃圾短信，年底又有用户收到"106"开头的垃圾短信。

2018 年腾讯手机管家用户举报的垃圾短信高达 18.21 亿条（如图 3-2 所示），主要分布在经济发达的沿海地区和人口众多的省份，其中广东省用户举报数量最多，达 2.13 亿条。而在垃圾短信的各个类型中，广告短信占比最高，达 95.66%，这些广告短信绝大多数都是由 106 短信平台发送的。此外，因为高额的利润回报的刺激，加上运作手段便捷，部分经营 106 短信平台的企业只顾追逐利益，放宽对申请者的资质要求和内容审核，让博彩、贷款、办理假证、色情广告等黑灰产内容甚至违法、诈骗短信也通过该短信通道进行传播，给用户带来极大的困扰。

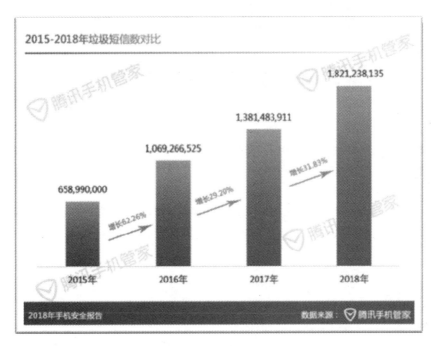

图 3-2　2015－2018 年垃圾短信数对比

2018 年诈骗电话举报量同步下降 8.63%，但骗局新套路需谨慎防范。根据腾讯手机管家用户主动上报的恶意线索数据，常见的骚扰诈骗电话恶意线索关键词包括"转账到安全账户""冒充领导""索要验证码""网络订单有问题"等。这些关键词的背后，是一个个"严丝合缝"的骗局和一通通"危机四伏"的诈骗电话。报告显示，2018 年腾讯手机管家用户共标记诈骗电话近 6137.04 万个（如图 3-3 所示），虽然相比 2017 年小幅下降 8.63%，但形势依然严峻。

如何免受诈骗电话的威胁？用户可以借助第三方安全软件进行防护。例如当疑似诈骗电话打入手机时，用户可以借助第三方软件的提醒功能，避免不必要的接听；当接到陌生人诱导转账的来电时，用户可以通过"号码鉴定"功能查询其提供的银行卡是否潜藏风险，保障财产安全。

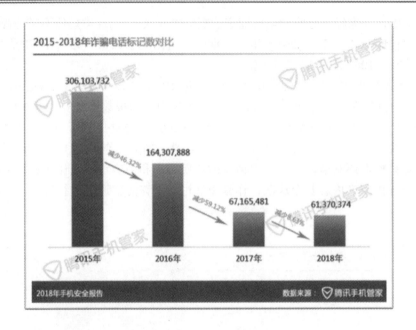

图 3-3　2015－2018 年诈骗电话标记数对比

　　若不慎浏览恶意网址，用户手机及财产也将处于危险之中。报告显示，2018 年腾讯安全实验室检测恶意网址达 1.82 亿次（如图 3-4 所示）。其中，色情网站和博彩网站最为常见，占比分别达 57.06%和 34.46%。

　　纵观 2018 年，木马病毒包增速放缓，诈骗电话数量减少，但随着网络安全风险的不断升级与演变，用户仍需增强安全意识，借助安全工具进行有效防范。

图 3-4　2018 年恶意网址类型占比

3．互联网中信息内容侵权行为猖獗

近年来，我国提出建设知识产权强国，出台了《国务院关于新形势下加快知识产权强国建设的若干意见》《深入实施国家知识产权战略行动计划（2014—2020 年）》等重要政策，强调要加强互联网、电子商务、大数据、工业制造等领域的知识产权保护，推动完善相关法律法规，以加强新业态、新领域知识产权的保护和运用，助力创新创业，升级"中国制造"，这表明知识产权已经成为创新驱动发展的重要资源和国际战略竞争的核心要素。而新一代宽带网络、云计算、系统级芯片等新技术及其应用，不断推动着信息产业实现极速飞跃，带动物联网、智能电网、电子商务等多个产业强劲增长，极大改变了原有的商业模式和管理模式，但同时也产生了大量网络侵权问题，给网络知识产权保护带来很大挑战，值得警惕。

传统知识产权主要由著作权和工业产权组成，网络环境下的知识产权概念外延很多，除传统知识产权的内涵外，还包括数据库、计算机软件、多媒体以及电子版权等内容。内容的增加会导致知识产权侵权风险的上升，因此，如何对互联网上的知识产权进行保护引起了众多国家和世界知识产权组织的关注和重视，各方都在积极寻找对策。

网络知识产权侵权领域广泛，形势越来越复杂。比如，网络版权侵权、网络数字空间的信息权确认变得更加困难，给网络著作权的保护带来了挑战。在网络商标侵权中，行为人明知属于他人享有权利的知名商标，还故意将其注册为自己的域名，再以高价卖给该知识产权所有人或他人，成为一种普遍现象。网络专利侵权也是一种非常复杂的民事违法行为，目前主要集中在电商领域。例如，各种原创的商品展示图或设计方案等常被"不告而取"，从而引发利益纠纷。

盗版网络文学一年造成数十亿元付费阅读损失，艾瑞咨询发布的《2021 年中国网络文学版权保护白皮书》显示，2021 年中国网络文学盗版损失规模达 60.28 亿元。微信、微博等生活常用社交应用，也成为网络知识产权侵权重灾区。以微信为例，《2020 年微信版权保护报告》指出，2019 年下半年到 2020 年上半年，微信处理版权侵权信息超过 1.2 万件。除文字遭剽窃外，一些摄影作品也被裁切或模糊了水印后随意发布。高等教育中的剽窃抄袭事件也屡有发生。美术作品、学术论文等智力成果在网上被剽窃的案例时有报道。著作权人因复制权、传播权被抢夺，创作积极性难再。

信息内容安全研究作为对上述问题的解决方案，是研究如何利用计算机从包含海量信息且迅速变化的网络中，对与特定安全主题相关信息进行自动获取、识别和分析的技术。信息内容安全是管理信息传播的重要手段，属于网络安全系统的核心理论与关键组成部分，对提高网络使用效率、净化网络空间、保障社会稳定具有重大意义。信息内容安全已经成为国家信息安全保障建设的一个重要方面。

2016 年 11 月 7 日第十二届全国人民代表大会常务委员会第二十四次会议通过的《中华人民共和国网络安全法》的第十二条明确规定，"任何个人和组织使用网络应当遵守宪法法律，遵守公共秩序，尊重社会公德，不得危害网络安全，不得利用网络从事危害国家安全、荣誉和利益，煽动颠覆国家政权、推翻社会主义制度，煽动分裂国家、破坏国家统一，宣扬恐怖主义、极端主义宣扬民族仇恨、民族歧视，传播暴力、淫秽色情信息，编造、传播虚假信息扰乱经济秩序和社会秩序，以及侵害他人名誉、隐私、知识产权和其他

合法权益等活动。"

　　信息内容安全主要包括两方面：一方面是指针对非法的信息内容实施监管，如对网络中的反暴力、色情信息的过滤；另一方面是指对合法的信息内容加以安全保护，如对合法的音像制及软件的版权保护。信息内容安全涉及政治、经济、文化、健康、保密、隐私、产权等各个方面，属于通用网络内容分析的一个分支。保障信息内容安全采用的主要技术手段包括信息识别与挖掘技术、信息过滤技术、信息隐藏与数字水印技术等。

3.2　信息内容的识别技术

　　要判断信息内容的合法性，需要在获取信息内容的基础上，对信息内容进行识别和分析。目前信息可以分为文字信息、图像信息、视频信息和音频信息等，不同的信息需要采取不同的处理方式。本节主要以文本和图像两类信息为例，介绍信息内容的识别与分析技术。

3.2.1　文本内容的识别与分析

1．文本内容的表示

　　文本的表示及其特征项的选取是文本挖掘、信息检索的一个基本问题，它通过从文本中抽取出特征词进行量化来表示文本信息。将一个无结构的原始文本转化为结构化的计算机可识别处理的信息，即对文本进行科学的抽象，建立它的数学模型，用来描述和替代文本，使计算机能够通过对这种模型的计算和操作来实现对文本的识别，如图 3-5 所示。由于文本是非结构化的数据，要想从大量的文本中挖掘出有用的信息，就必须首先将文本转化为可处理的结构化形式。

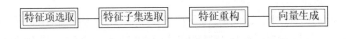

图 3-5　文本的表示

1）特征项的选择

　　目前，人们通常采用向量空间模型来描述文本向量，但是如果直接用分词算法和词频统计方法得到的特征项来表示文本向量中的各个维，这个向量的维度将非常大。这种未经处理的文本向量不仅给后续工作带来巨大的计算开销，使整个处理过程效率低下，而且会损害分类、聚类算法的精确性，从而使得到的结果难以令人满意。因此，必须对文本向量做进一步净化处理，在保证原文含义的基础上，找出对文本特征类别最具代表性的文本特征。为有效解决这个问题，可以通过特征选择来降维。

　　有关文本表示的研究主要集中在文本表示模型的选择和特征词算法的选取上。用于表示文本的基本单位通常称为文本的特征或特征项。特征项必须具备以下几种特性：

（1）特征项要能够准确标识文本内容；

（2）特征项具有将目标文本和其他文本相区分的能力；

（3）特征项的个数不能太多；

（4）特征项分离要比较容易实现。

在英文文本中，可以选取单词作为特征项。而在中文文本中可以采用字、词或短语作为标识文本的特征项。相对而言，词比字具有更强的表达能力；而且词的区分难度比短语的区分难度小得多。因此，目前大多数中文文本分类系统都采用词作为特征项，称为特征词。

特征词作为文档的中间表示形式，用来进行文档与文档、文档与用户目标之间的相似度计算。如果把所有的词都作为特征项，特征向量的维数将过于巨大，从而导致计算量太大。在这样的情况下要完成文本分类几乎是不可能的。特征抽取的主要功能是在不损伤文本核心信息的情况下尽量减少要处理的单词数，以此来降低向量空间的维数，从而简化计算，提高文本处理的速度和效率。

文本特征选择对文本内容的过滤和分类、聚类处理、自动摘要，以及用户兴趣模式发现、知识发现等方面的研究有着非常重要的影响。通常根据某个特征评估函数计算各个特征的评分值，然后按评分值对这些特征进行排序，选取若干个评分值最高的作为特征词，这就是特征抽取（Feature Selection）。

选取特征的方式有以下 4 种：

（1）用映射或变换的方法把原始特征变换为较少的新特征。

（2）从原始特征中挑选出一些最具代表性的特征。

（3）根据专家的知识挑选最有影响的特征。

（4）用数学的方法进行选取，找出最具分类信息的特征。这种方法是一种比较精确的方法，受人为因素的干扰较少，尤其适用于文本自动分类挖掘系统。

随着网络知识组织、人工智能等学科的发展，文本特征提取将向着数字化、智能化、语义化的方向深入发展，在社会知识管理方面发挥更大的作用。文本语义特征根据语义级别由低到高来分，可分为亚词、词、多词、语义和语用等级别。其中，应用最为广泛的是词级别。

词级别以词作为基本语义特征。词是语言中最小的、可独立运用的、有意义的语言单位，即使在不考虑上下文的情况下，词仍然可以表达一定的语义。以单词作为基本语义特征在文本分类、信检索系统中工作良好，也是实际应用中最常见的基本语义特征。

在英文文本中，以词为基本语义特征的优点是易于实现，利用空格与标点符号即可将连续文本划分为词。在中文文本中，字作为基本书写单元，字与字连接起来形成词来表达意思。然而中文中的标点符号一般用来分割短语或句子，词与词之间没有明显的分隔符。因此，中文文本分词即是将中文连续的字序列按照一定规范重新组合成有意义的词序列的过程。目前，文本分词技术已经广泛应用于信息检索、文本挖掘、机器翻译、语音识别等领域。

当前，中文分词面临的两个主要问题是歧义识别和未登录词（新词）识别。

中文分词歧义主要包括交叉型歧义和组合型歧义，其中交叉型歧义指两个相邻的词之间有重叠的部分，例如对于字串 ABC，如果其字串 AB、BC 分别为两个不同的有意义的词，那么对 ABC 进行切分，既可以分成 A/BC，也可以分成 AB/C，即 ABC 存在交叉型歧义，如"结合/成"；组合型歧义是指某个词组其中的一部分也是一个完整的有意义的词，例如对字符串 AB，如果 AB 组合起来是一个词，同时其字串 A、B 单独切分开也是有意义的词，则称 AB 存在组合型歧义，如"他从/马/上/下/来"，"我/马上/就/来/了"。

为了消除歧义，研究人员尝试了多种人工智能领域的方法，如松弛法、扩充转移网络法、短语结构文法、专家系统法、神经网络法、有限状态机法、隐 Markov 模型等。这些分词方法从不同角度总结歧义产生的可能原因，并尝试建立歧义消除模型，也达到了一定的准确程度。然而由于这些方法未能实现对中文词的真正理解，也没有找到一个可以妥善处理各种分词相关语言现象的机制，所以目前尚没有广泛认可的完善的歧义消除方法。

未登录词也称为新词，是指分词时所用的词典中未包含的词，常见的有人名、地名、机构名称等专有名词，以及相关领域的专业术语。这些词不包含在分词词典中，但又对分类有贡献，需要考虑如何进行有效识别。有些研究指出，未登录词对分词精度的影响可能会超过歧义切分。

未登录词识别可以从统计和专家系统两个角度进行：统计方法从大规模语料中获取高频连续汉字串，作为可能的新词；专家系统方法则是从各类专有名词库中总结相关类别新词的构建特征上下文特点等规则。当前对未登录词的识别研究也不够成熟。

当前常见的中文分词方法有基于字符串匹配的分词、基于统计的分词和基于理解的分词等。

基于字符串匹配的分词方法又称为机械分词法，其基本思想如下：首先建立分词词典（一般使用汉字字典），然后对于待分词的汉字串 S，按照一定的扫描规则（正向逆向）取 S 的子串，最后按照一定的规则将该子串与词典中的某个词条进行匹配。若匹配成功，则该子串是词，继续分割剩余部分，直至剩余部分为空：否则，若该子串不是词，则取 S 的子串进行匹配。按照扫描语句的方向可分为正向匹配和逆向匹配，按照不同长度优先分配可分为最大匹配法和最小匹配法。最大匹配法即优先与词表中最长的词匹配，最小匹配法则优先与词表中最短的词匹配。

目前常见的基于字符串匹配的实现方法有正向最大匹配法、逆向最大匹配法、最少切分分词法和双向匹配法。以正向最大匹配方法为例，它按照从左到右的正向规则将待分词的汉字串 S 中的几个连续字符与字典中的词进行匹配，若成功，则并不是马上切分出来，而是继续进行匹配，直到下一个扫描不是词典中的词才进行词的切分，从而保证了词的最大匹配。一般地，可通过增字匹配法和减字匹配法来实现。

利用最大匹配法进行中文分词实现简单，分词速度也较快，但是分词的精度依赖于词，若词长过短，长词就会被切错：词长过长，查找效率降低。此外，这种方法也不能发现交叉型歧义。例如，对"小组合解散"利用最大匹配法进行分词，得到的结果有可能是"小组/合/解散"或"小/组合/解散"。

基于统计的分词方法主要考虑词是稳定的字的组合，即在上下文中，相邻字之间同时出现的次数越多，就越可能构成一个词。故可以计算文本中相邻出现的各个字的组合频率，计算它们的互现信息，并以此来判断它们组合成一个词的可信度。字与字之间互现信息的高低直接反映了些字之间的紧密程度，当紧密程度高于某一阈值时，即可认为此字组可能构成了一个词。这种方法只需要对语料中字的组合频度进行统计，不需要切分词典，因此又称为统计分词方法或无词分词法，具体的统计方法可以采用隐 Markov 模型和最大模型等，但该方法经常会抽出一些共现频度高，但并不是词的常用字组合，例如"我的""有的""之一"等，可见，该法对常用词的识别精度差。此外，统计语料中字的组合频率带来的时空开销也比较大。

基于理解的分词方法试图通过计算机模拟人对句子的理解来实现分词，在分词中考虑句法语义信息，利用句法信息和语义信息来消除歧义。一般地，该方法由分词系统、句法语义子系统、总控部分组成，在总控部分的协调下，分词子系统从句法语义子系统中获取有关词、句子等的语法和语义信息，从而解决分词过程中的歧义问题。但是，由于中文语言的笼统性和复杂性，计算机无法有效地将各种语言组织成计算机能够处理的形式，所以该方法目前并没有得到广泛应用。

2）特征子集的选择

利用文本分词识别出表示文本的特征项后，还需要进行特征子集的选择。即从所有特征项集合中进行抽取，选择一个子集合组成新的输入空间。选择的标准是要求这个子集尽可能完整保留文本类别区分能力，而舍弃那些对文本分类无贡献的特征项。最简单的特征子集选择方法是停用词过滤。

停用词是指那些常见的、但是对分类没有贡献的特征项。例如，介词、连词、代词、冠词等。目前，去除停用词常见的方法有查表法和基于文档频率的方法。查表法是预先建立好一个停用词表，然后通过查阅停用词表的方法过滤掉与文本内容关系不大的词条。基于文档频率的方法是通过统计每个词的文档频率，判断其是否超过总文档的某个百分比。若超过设定的阈值，则当作停用词去掉。

3）特征重构

选取特征子集后，一般还需要进行特征重构和向量生成。特征重构以特征项集合为输入，用对特征项的组合或转换生成新的特征集合作为输出。特征重构要求输出的特征数量远小于输入的数量，以达到降维的目的；而且转换后的特征集合应当尽可能保留原有类别区分能力，以实现有效分类。特征重构有基于语义的方法，如词干与知识库方法；也有基于统计等数学方法，如潜在语义索引。

4）生成文本向量

向量生成环节对表示文本的特征项赋予合适的权重，权重用来表示该特征项对于文本内容的重要程度，权重越高的特征项越能代表该文本的内容。

2. 文本表示模型的应用

实际的文本内容经过语义特征提取、特征子集选择、特征重构和向量生成等环节的处理后，转换为计算机内部的表示结构，这种转换称为文本表示。文本表示模型在信息检索、文本分类文本挖掘等领域都得到了广泛的应用。当前的文本表示模型主要包括基于集合论的布尔模型、扩展布尔模型和基于模糊集的模型、基于代数论的向量空间模型、潜在语义索引型和神经网络模型，以及基于概率的经典概率模型、回归模型和推理网络模型等。

3.2.2　图像内容识别与分析

相比文本信息，数字图像具有信息量大、像素点之间关联性强等特点，因此其处理方法与文本处理方法有较大的区别。图像能比文本提供更直观、更丰富的信息，因而不良图像比不良文本更具有危害性。以图像处理技术和图像理解技术为基础的图像内容识别与分析是信息内容安全的一个重要组成部分.

1．数字图像的表示方法

数字图像是离散的函数，物理图像是连续的函数。数字化是为了满足计算机的处理要求，必须对连续图像函数进行空间和幅值数字化。空间坐标 (x, y) 的数字化称为图像采样，而幅值数字化被称为灰度级量化。经过数字化后的图像称为数字图像（或离散图像）。采样就是图像在空间上的离散化处理，即使空间上连续变化的图像离散化。

经过取样的图像，只是在空间上被离散为像素（样本）的阵列，而每一个样本灰度值还是一个有无穷多个取值的连续变化量，必须将其转化为有限个离散值，赋予不同码字才能真正成为数字图像，再由数字计算机或其他数字设备进行处理运算，这样的转化过程称为量化。

分辨率包括空间分辨率和灰度分辨率。灰度分辨率是指值的单位幅度上包含的灰度级数，即在灰度级数中可分辨的最小变化。若用 8 比特来存储一幅数字图像，其灰度级为256。

空间分辨率是指图像中可辨别的最小细节，采样间隔是决定空间分辨率的重要参数。一般情况下，如果没有必要，实际度量像素的物理分辨率和在原始场景中分析细节等级时，通常将图像大小 $M \times N$、灰度为 L 级的数字图像称为空间分辨率为 $M \times N$、灰度级分辨率为 L 级的图像。假定一幅图像取 $M \times N$ 个样点，对样点值进行 Q 级分档取整。那么对 M、N 和 Q 如何取值呢？为了存取的方便，Q 一般总是取成 2 的整数次幂，如 $Q = 2^b$，b 为正整数，通常称为对图像进行 b 比特量化。对 b 来讲，取值越大，重建图像失真越小。对 $M \times N$ 的取值，主要的依据是取样的约束条件，也就是在 $M \times N$ 满足取样定理要求的情况下，重建图像就不会产生失真，否则就会因取样点数不够而产生所谓混淆失真。

彩色图像用红、绿、蓝三元组的二维矩阵来表示。通常，三元组的每个数值也是在 0 到 255 之间，0 表示相应的基色在该像素中没有，而 255 则代表相应的基色在该像素中取得最大值，这种情况下每个像素可用三个字节来表示

2．数字图像的特征

在数字图像内容的识别与分析过程中，经常使用的特征有颜色特征、纹理特征、边缘特征和轮廓特征等。

1）颜色特征

图像的颜色特征，通俗地说，就是能够用来表示图像颜色分布特点的特征向量。常见的

颜色特征有颜色直方图、颜色聚合矢量和颜色矩等。

2）纹理特征

图像的纹理特征是用来表示图像纹理特点的特征向量。图像纹理可以看作像素灰度在二维空间变化的函数，一般由重复模式组成。图像纹理是图像的亮度信息和空间信息的结合体，反映了图像的亮度变化情况。常见的纹理特征有灰度共生矩阵（Grey Level Co-occurrence Matrix，GLCM）、Gabor 小波特征和 Tamura 纹理特征等。

3）边缘特征

图像的边缘是指图像颜色（灰度）存在较大差异的像素点，一般边缘点存在于目标与背景的分界线处或者目标内部的纹理区域。这些信息都从一定侧面反映了图像的内容。因此，图像的边缘特征也是图像处理中常用的特征之一。要得到图像的边缘特征首先要计算图像的边缘图，可采用 Prewitt、Sobel 和 Canny 算子来获取。其中 Canny 算子的算法复杂度不高，且获得的边缘图能较好地反映原图的目标、背景分割及纹理情况，因此成为提取边缘特征的常用算子之一。

4）轮廓特征

轮廓特征是用来描述图像内某些目标物体的轮廓信息，该特征的提取一般要先获得目标的轮廓图，然后通过提取轮廓的拐点、重心、各阶距，以及轮廓所包含的面积与周长的平方比、长短轴比等来获得。对于复杂的形状，还可以使用孔洞数、各目标间的几何关系等来提取轮廓特征。通常，图像的轮廓特征有两种表达方式：一种是区域特征，关系到整个形状区域；另一种是边界特征，只用到物体的边界。这两种特征的典型描述方法是傅里叶形状描述符和形状无关矩。轮廓特征相比于之前的颜色、纹理、边缘等特征来说，其鉴别力一般更强，但其效果和性能往往取决于之前的图像分割和轮廓提取的方法。

3.3　信息内容监管技术

3.3.1　信息过滤

信息过滤是用于描述一系列将信息传递给需要它的用户的处理过程的总称。通常，可以认为信息过滤是满足用户信息需求的信息选择过程。在内容安全领域，信息过滤可提供合法信息的有效流动，消除或减少信息过量、信息混乱及信息滥用造成的危害。

信息过滤从操作方法、操作位置、过滤方法等角度可以进行不同的分类。

按照操作方法，信息过滤系统可以分为主动信息过滤系统和被动信息过滤系统。主动信息过滤系统通过用户的特征描述，在一定的空间中动态地为用户查找、搜集并发送相关的信息。一些系统还采用推送技术，把相关信息推送给用户。被动信息过滤系统从输入信息流和数据中忽略不相关的信息，常用于电子邮件过滤或新闻组中。一些系统过滤出不相关的内容，而另外一些系统则提供给用户所有的信息，但是按照相关性给出排序。

按照过滤器操作的位置，信息过滤系统可以分为信息源过滤系统、信息过滤服务器系统和客户端过滤系统。信息源过滤系统又称为剪辑服务系统，是指用户将自己的偏好提交给信息提供者，信息提供者据此构造用户需求模型，并为用户提供与模型相匹配的信息。信息过滤服务器系统是指用户将需求模型提交给服务器，同时信息提供者将信息提供给服务器，由服务器根据用户需求模型对信息进行过滤，选择相关信息发送给用户。该类型的典型例子是 1994 年由斯坦福大学的 Yan 和 Garcia 等人开发的 SIT。客户端过滤系统最为常见，是指输入数据流被本地的过滤系统评估，过滤掉不相关的信息，或者按照相关性排序，如 Outlook 的邮件过滤。

按照过滤的方法，信息过滤系统可以分为认知过滤系统、社会过滤系统、基于智能代理的信息过滤等，其中认知过滤系统和社会过滤系统是最常见的两种，Malone 等对认知过滤系统的定义是："采用一种机制，描述信息内容和用户需求模型特征，然后用这些描述智能化地将信息与用户需求进行匹配。"认知过滤系统又可被分为基于内容的过滤和基于用户偏好的过滤。社会过滤系统是通过个体和群体之间的关系进行过滤，又称为社会协作过滤系统或基于协同过滤的信息过滤系统，是假设找到其他有相似兴趣的用户，将这些用户感兴趣的内容推荐给特定的用户。社会过滤基于其他用户的使用模式，为了更好地"预测"用户的信息需求，需要从各个不同角度对用户兴趣建模，并对用户进行聚类。基于智能代理的信息过滤系统是通过引入智能代理自动修正用户需求模型并自动进行相关的过滤操作。

按照信息过滤系统获取用户知识的方法可以分为显式知识获取过滤系统、隐式知识获取过滤系统及混合知识获取过滤系统。显式知识获取过滤系统常用的方法包括用户的审核和填充表单，比如要求用户填充一个描述用户兴趣和其他相关参数表单，利用这种方法得到用户的偏好。隐式知识获取过滤系统不需要用户参与，而是通过记录用户和行为，例如 Web 浏览的时间、内容、次数、行为（点击、浏览、打印、保存或放弃等）来学习用户的兴趣，并建立用户需求模型。混合知识获取过滤系统则是综合使用显式和隐式方法的信息过滤系统。

按照信息过滤所使用的工具，信息过滤系统可分为专门的过滤软件系统、网络应用程序过滤系统、防火墙过滤系统，代理服务器过滤系统等。专门的过滤软件系统是指为过滤网络信息专门开发的系统。网络应用程序过滤系统是利用一些网络程序（如浏览器、搜索引擎和电子邮件等）所具有的过滤功能实现信息过滤。防火墙过滤系统通过设置 IP 地址、端口及添加防火墙过滤规则等实现对数据包的过滤。代理服务器过滤系统是在客户端和服务器之间增加一个代理服务器，通过配置代理服务器实现对内容进出的控制。

信息过滤系统在很多方面都有应用，如对搜索引擎的结果进行过滤、垃圾邮件过滤、服务器新闻组过滤、浏览器过滤、面向儿童的过滤及用户爱好推荐等。

对信息过滤系统的性能进行评价时，人们常使用两个指标：查全率（Recall）和查准率（Precision）。查全率是指被过滤出的正确文本占应被过滤文本的比率，查准率则是指被过滤出的正确文本占全部被过滤出文本的比率。两者对应的数学公式分别为

$$查全率 = \frac{被过滤的正确文本数}{应被过滤的文本总数}$$

$$查准率 = \frac{过滤出的正确文本数}{过滤出的文本总数}$$

例如，假设信息集合大小为 N，其中与用户需求相关的信息集合大小为 M，通过信息过滤系统进行过滤，若已经通过过滤的 n 条相关信息中，有 m 条是与用户需求相关的，则该系统的查全率 $r=m/M$，其查准率 $p=m/n$。

进行 Internet 不良信息的过滤已经成为世界各国的共识。国内外从 20 世纪 90 年代起就陆续通过了诸多法案和管理办法，旨在净化 Internet，各国的科研人员也进行了很多相关实现技术的研究。

目前过滤系统的实现方法主要有以下几种：

（1）黑（白）名单的方式。建立不良网站的 URL 或者 IP 类别数据库，当用户访问这些站点时予以阻断。还可以使用白名单，建立合法网站 URL 数据库，只允许用户访问这些站点。该方法的缺陷在于 URL 列表的更新无法跟上网络上不良网站的增加和变化速度，而且用户可以通过代理镜像等获取被封锁网站上的内容。

（2）建立网站的分级标注，通过浏览器的安全设置选项实现过滤。分级标注的方法除了同样要面对网站更新变化快的问题外，还存在蓄意错误标注、误导读者的可能。

（3）关键词过滤。对文本内容、检索词、URL、文档的元数据等进行关键词匹配或者布尔逻辑运算，对满足匹配条件的网页或网站进行过滤。关键词过滤的主要缺陷在于错误率较高。

（4）基于内容的过滤，应用人工智能技术，判断信息是否属于不良信息。基于内容过滤的最大问题在于其运行速度过慢，且实现难度大，但基于内容的过滤仍然是安全过滤发展的趋势和方向。

3.3.2　信息隐藏技术

1. 信息隐藏技术的基本概念

信息隐藏（Information Hiding）也称数据隐藏（Data Hiding），是集多学科理论与技术于一身的新兴技术，它利用载体信息在时间或空间等方面的冗余特性，把一个有意义的秘密信息（如消息、软件序列号或版权信息）隐藏在载体信息中，从而得到隐秘载体。载体可以是文字、图像声音和视频等多媒体信息，也可以是信道，甚至是某套编码体制或整个系统。信息隐藏后非授权者无法确认该载体中是否隐藏了秘密信息，也难以提取或去除所隐藏的信息，从而达到隐藏通信、保护版权等目的。

国际上正式提出信息隐藏的概念是在 1992 年。1996 年，在英国剑桥大学牛顿研究所召开了第一届信息隐藏学术会议，标志着信息隐藏学的正式诞生。此后，国际信息隐藏学术会议在欧美各国相继召开。如今，信息隐藏技术作为隐蔽通信和知识产权保护等的重要手段，正得到广泛的研究与应用。本节将介绍信息隐藏技术的基本原理、常用模型，并对其应用进行介绍。

多媒体数据中可以隐藏秘密信息主要是基于两点：第一，多媒体信息本身存在很大的冗余性。从信息论的角度看，未压缩的多媒体信息的编码效率是很低的，所以将机密信息嵌入多媒体信息中进行秘密传送是完全可行的，并不会影响多媒体信息本身的传送和利用。第二，人类的听觉和视觉系统都有一定的掩蔽效应，人们可以充分利用这种掩蔽效应将信息隐藏而不被察觉。例如，当两个音调的频率接近而且同时演奏出来，那么音量高的音调将掩蔽音量低的音调。

信息隐藏不同于传统的密码学技术。密码学技术主要研究如何对机密信息进行特殊的编码，以形成不可识别的密码形式（密文）进行传递；而信息隐藏则主要研究如何将某一机密信息秘密隐藏于另一公开的信息中，然后通过公开信息的传输来传递机密信息。对加密通信而言，可能的监测者或非法拦截者可通过截取密文，并对其进行破译，或将密文进行破坏后再发送，从而影响机密信息的安全；但对信息隐藏而言，可能的监测者或非法拦截者难以从公开信息中判断机密信息是否存在，难以截获机密信息，从而能保证机密信息的安全。多媒体技术的广泛应用，为信息隐藏技术的发展提供了更加广阔的空间。

2．信息隐藏技术分类

信息隐藏的主要学科分支包括隐写术、数字水印和掩蔽信道。从隐藏的载体来分，可以分为基于图像、音频、视频、文本等媒体技术的信息隐藏；按照信息隐藏的目的来分，可以分为秘密消息隐藏和数字水印。其中秘密消息是用来进行秘密传输，数字水印是用来保护版权的。

下面分别对其主要学科分支进行简单介绍。

1）隐写术（Steganography）

这个术语来源于希腊词汇 steganos 和 graphic，前者的含义是"秘密的"，后者的含义是"书写"。隐写术是一种隐蔽通信技术，其主要目的是将重要的信息隐藏起来以便不引起人注意地进行传输和存储。

最早的隐写术可以追溯到约公元前 440 年，古希腊奴隶主 Histiaus 给他最信任的奴隶剃头，在头皮上刺上信息，等头发长出来遮住消息后，再派奴隶去传递消息。

隐写术在其发展中逐渐形成了两大分支，即语义隐写和技术隐写。

语义隐写是利用文字语言自身的特点，通过对原文按照一定规则进行重新排列或剪裁实现隐藏和提取密文。语义隐写术包括符号码、隐语以及虚字密码等。

符号码是指非书面形式的秘密通信。例如，第二次世界大战中，有人曾利用一幅关于圣安东尼奥河的画传递了一份密信。画中河畔的小草叶子有长有短，长的草叶代表莫尔斯电码中的画线短的草叶则代表莫尔斯电码的圆点。信的接收者利用电码本即可得到密信的内容。要注意的是使用符号码的时候，符号码的结果不能影响载体特征，在本例中，如果小草叶子的形状和长短分布不符合常规，则隐写失败。

隐语是利用错觉或代码对信息进行编码。在第一次世界大战中，德国间谍曾利用假的雪茄订单来传递关于英国军舰的信息，例如，朴次茅斯需要 5000 根雪茄就代表朴次茅斯有 5 艘巡洋舰。

在虚字密码中通常使用每个单词的相同位置的字母来拼出一条消息。例如，在 Kahn 的 *The Code Breakers* 一书中，提到一个修道士在自己写的一本书中将心上人的名字设为连续章节的第一个字母。我国古代常出现的"藏头诗"也是一种典型的虚字密码的使用形式。四大名著之一《水浒传》第 61 回，"智多星"吴用为了诱迫卢俊义上梁山入伙，化装成算命先生到卢家，骗卢俊义在他家墙上稀里糊涂地写下了一首诗："芦花丛里一扁舟，俊杰俄从此地游。义士若能知此理，反躬逃难可无忧。"这首诗每句的首字连起来谐音便成了"卢俊义反"。后来有人向官府告发，逼得卢俊义最终不得不上了梁山。

技术隐写是隐写术中的主要分支。技术隐写的发展是伴随着科技，尤其是信息技术的发展而发展的。从古代利用动物或人的身体记载、木片上打蜡，到近代使用隐形墨水、微缩胶片，再到当代使用扩频通信、网络多媒体数据隐写等，每一种新隐写术的出现都离不开科学技术的进步。

2）数字水印

数字水印技术是信息隐藏技术的重要分支，其基本思想是在数字作品（如图像、音频、视频）中嵌入秘密信息，以便保护数字产品的版权、证明产品的真伪、跟踪盗版行为或提供产品的附加信息。其中嵌入的秘密信息可以是版本标识、用户序列号或产品相关信息。

隐写术和数字水印的基本思想都是将秘密信息隐藏在载体对象中，但是两者还是有着本质的不同，隐写术中，所要发送的秘密信息是主体，是要保护的对象，而用什么载体对对象进行传输无关紧要。对于数字水印来说，载体通常是数字产品，是版权保护对象，嵌入的信息是与该产品相关的版权标志。

3）隐蔽信道

隐蔽信道是指允许以危害系统安全策略的方式传输信息的通信信道。1973 年，Lampson 最早给出了隐蔽信道的概念，将其定义为"不是被设计或本意不是用来传输信息的通信信道"。Lampson 关注如何在程序的执行过程中加以限制，使其不能向其他未授权的程序传输消息。他曾列举出恶意或行为不当的程序绕过限制措施，泄露数据的一些方法，并给出了相应的处理措施。

在我国的《计算机信息系统安全保护等级划分准则》（GB 17859-1999）、美国的《可信计算机系统评估准则》（TCSEC）和国际标准化组织发布的《信息技术安全评估通用准则》（CISO/TEC15408，简称 CC 标准）中都明确规定，高等级信息系统（GB 17859-1999 中第四级，TCSEC 中 B2 级，CC 中评估保证 5 级以上）必须进行隐蔽信道分析，在识别隐蔽信道的基础上，对隐蔽信道进行度量和处理。

隐蔽信道分析工作包括信道识别、度量和处置。信道识别是对系统的静态分析，强调对设计和代码进行分析以发现所有潜在的隐蔽信道。信息度量是对信道传输能力和威胁程度的评价。信道处置包括信道消除、限制和审计。隐蔽信道消除措施包括修改系统、排除产生隐蔽信道的源头、破坏信道的存在条件等。限制措施要求将隐蔽信道的危害限制在能够接受的范围内。但是，并非所有潜在的隐蔽信道都能被入侵者实际利用，如果对所有的潜在隐蔽信道进行度量和处置，会产生不必要的性能消耗，降低系统效率。隐蔽信道审计则强调对潜在隐蔽信道的相关操作进行监测和记录，通过分析记录，监测出入侵者对信道的实际使用操作，为信道度量和处置提供依据。

隐蔽信道可以进一步分为阈下信道（subliminal channel，也称为潜信道）和隐信道。阈下信道是建立在公钥密码体制的数字签名和认证基础上的一种隐蔽信道，其宿主是密码系统。在阈下信道中的发送端，阈下消息在一个密钥的控制下进行随机化，然后在嵌入算法的作用下嵌入公钥密码系统的输入或输出参数。在接收端，系统在完成数字签名中的签名验证过程后，通过提取算法完成对阈下消息的提取。除接收者外，任何其他人均不知道密码数据中是否有阈下消息存在。

至今，人们已经提出了多种阈下信道的构造办法。这些方法基本上是建立在基于离散对数困难问题和椭圆曲线离散对数问题的数字签名系统上的。研究的焦点主要集中在阈下信道的容量、阈下信道的安全性和新的阈下信道的设计上。

隐信道是在公开信道中建立起来的一种进行隐蔽通信的信道，为公开信道的非法拥有者传输信息，隐信道可以分为隐蔽存储信道（Covert Storage Channel）和隐蔽时间信道（Covert Timing Channel）。在隐蔽存储信道中，一个进程将信息写入存储点而通过另一个进程从存储点读取。在隐蔽时间信道中，一个进程将自身对系统资源（如 CPU 时间）的使用进行调制以便第二个进程可以通过真实反应时间观察到影响，以此实现消息的传递。二者的主要区别是信息调制的方式的不同，隐信道的主要研究问题包括隐信道的构造、隐信道的识别方法、隐信道的带宽估计方法、隐信道的消除等。

3．信息隐藏技术的基本原理与模型

为了说明信息隐藏的原理，我们首先给出一些基本的定义。假设 A 和 B 要进行通信，A 希望将秘密传递给 B，首先从一些随机消息源中选择一个消息 h，h 在公开传递时不会引起怀疑，我们称 h 为载体对象。然后，A 将要传递的秘密信息 m 隐藏在载体对象 h 中，这样，载体对象 h 就变成了伪装对象 h'。伪装对象 h' 和载体对象 h 在感官效果（包括视觉、听觉等）上是不可区分的，这样就实现了信息的秘密传递，它掩盖了信息传输的事实，实现了信息的安全传递。

图 3-6 所示为信息隐藏的原理框图。

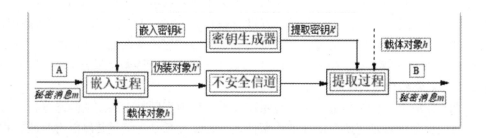

图 3-6　信息隐藏的原理框图

图 3-6 中，A 首先选择一个载体对象 h，采用信息嵌入算法将秘密信息 m 嵌入载体对象 h 中，嵌入的结果是生成伪装对象 h。h 通过公开的信道传输给 B。B 接收到消息后，由于他知道 A 使用的嵌入算法和需要的提取密钥，他可以利用相应的提取算法将隐藏在载体中的秘密信息提取出来。其中嵌入和提取的过程可能需要密钥，也可能不需要密钥，嵌入密钥和提取密钥可能相同（对称信息隐藏技术）也可能不同（非对称信息隐藏技术），具体情况与使用的嵌入和提取算法有关。在提取过程中，若不需要原始载体对象，称为盲信息隐藏技术，需要原始载体对象的则称为非盲信息隐藏技术。

从信号处理的角度来理解，信息隐藏可视为在强背景信号（载体）中叠加一个弱信号

（隐藏信息隐藏技术信息）由于人的听觉系统和视觉系统的分辨能力受到一定的限制，叠加的信号只要低于某个阈值，人就无法感觉到隐藏信息的存在。

4. 信息隐藏技术的常见方法

秘密信息的隐藏空间和隐藏方式是信息隐藏算法的两个基本要素。秘密信息的隐藏空间称为嵌入工作域。根据工作域，信息隐藏算法主要分为两类：时（空）域的方法和变换域的方法。时（空）域方法是把（处理后的）秘密信息直接嵌入多媒体信号的时（空）域格式中。由于听视觉系统的特点，直接嵌入时（空）域的信号幅度相对较低，因而隐藏信号的稳健性通常较差。变换域的方法是先对作为宿主载体的多媒体信号进行某种形式的数学变换（通常采用正交变换），再将（处理后的）秘密信息嵌入变换系数中，之后再完成反变换。常用于信息隐藏的正交变有离散小波变换（Discrete Wavelet Transform，DWT）、离散余弦变换（Discrete Cosine Transform，DCT）、离散傅里叶变换（Discrete Fourier Transform，DFT）等。由于正交变换/逆变换具有将信号能量进行重新分布的特点，变换域的方法可以将嵌入变换系数的隐藏信号能量在时（空）中进行扩散，从而有效解决隐藏信息不可检测性与稳健性的矛盾。类似于其他的压缩域处理技术，可以把秘密信息直接嵌入压缩域系数中，从而避免解压缩—再压缩运算，这称为压缩域信息隐藏方法，它是变换域方法的一种特殊形式。

最典型的空域信息隐藏方法是基于替换 LSB（the Least Significant Bits）的隐藏方法。LSB 即最不重要比特位，以图像载体为例，改变 LSB 对原始图像的视觉影响较小。在该方法中，图像部分像素的最低一个或多个位平面的值被隐藏数据替换，以此达到隐藏信息的目的。基于替换 LSB 的隐藏方法计算简单，载密图像失真小，且具有较大的信息隐藏容量，隐藏的信息容量可达 1～3 比特/像素。但这种方法隐藏数据对于信号处理和恶意攻击的稳健性较差，对载密图像进行一些简单的滤波、加噪等处理后就无法进行水印的正确提取。

例如，在一幅灰度图像中隐藏一些秘密信息，灰度图像一般存储为 8 位值，即每个像素对应的灰度值在 0～255 之间。假设要隐藏的秘密信息为 123，将其转换为二进制序列，为 01111011，采用 LSB 算法，选取最低一个位平面用于信息隐藏，则需要 8 个载体中的像素才可以容纳 8 比特秘密信息。

5. 评价信息隐藏技术的常用指标

对信息隐藏的基本要求包括：鲁棒性、不可感知性、信息隐藏容量、计算复杂性等。其中，鲁棒性、不可感知性（包括听/视觉系统的不可感知性和统计上的不可检测性）和信息隐藏容量是信息隐藏的最主要的三个因素。从技术实现的角度看，这三个因素互相矛盾，因此，对不同的应用需求，需要有所侧重。例如，对于隐写术，需要重点考虑信息隐藏容量和不可检测性。鲁棒水印对鲁棒性有特别高的要求，即含水印的载体经过一些信号处理以后，水印仍然具有较好的可检测性。完全脆弱水印对任何针对含水印载体的处理都非常敏感，而半脆弱水印对鲁棒性的要求则有双重性，要对恶意篡改脆弱而对正常的信号处理过程鲁棒。除可见水印外，不可感知性应该是多媒体信息隐藏技术的共同要求。

6. 隐写分析技术

信息隐藏技术作为信息安全传输的重要手段，可以应用于军事、情报、国家安全等领域，同时也会被敌对势力利用。因此，人们在关注信息隐藏技术的同时，也在探索各种检测可疑信息的存在、寻找敌对方隐蔽通信的手段和方法，这就是隐写分析技术。隐写分析是检测隐藏信息、获知其长度，甚至提取出隐藏信息的技术。

按照隐写分析的目的和分析工作的难易程度，隐写分析可分为检测并确定可疑对象、判定隐写采用的算法、估计隐藏信息的长度、定位和提取隐藏信息等。

隐写分析可以分为主动和被动两类，被动隐写分析只检测媒体中是否存在隐藏的信息，而主动隐写分析则还要获知隐写算法相关的信息，甚至提取秘密信息。通常认为，攻击者如果能判断某数据对象中是否隐藏有秘密信息，就认为该隐写系统被攻破了。因此，目前的研究多集中在判断是否有隐藏的秘密信息，并估计其中含有的隐藏信息的比例。

根据隐写分析所针对的隐写算法多少，可将其分为专用隐写分析和盲隐写分析两类。专用隐写分析算法针对特定的隐写算法，而盲隐写分析算法则可针对多种隐写术，也称为通用隐写分析算法。

按照隐写分析算法的实现技术，可以将其分为感官检测、统计检测和特征检测三类。感官检测是利用人类感觉器官感知和分辨噪声的能力来区分载体和载密媒体。统计检测是比较载体中固有的数据和载密媒体中可检测到的数据统计分布，找出两者的差别以实现检测。实现统计检测的关键是获得可描述载体统计特性的完善的统计模型，这仍是目前研究中的难点。特征检测是根据隐写算法对媒体特征的改变进行检测，这里的特征可以是感官特征，也可以是统计特征。一般来说，感官特征比较明显而较易检测；统计特征则要根据隐写算法隐藏信息过程中采用的变换操作进行数学推理分析，确定载体和载密媒体之间的可度量特征差异。使用特征检测隐写术通常需要依赖对特征差异的统计分析。

目前，针对一些特定的隐写算法，比如运用空域 LSB 替换、DCT 域 JSteg、F5、OutGuess 等算法隐写的图像，不仅能够实现比较可靠的检测，而且能够估计隐藏信息的长度。在空域隐写检测方面，比较成熟的是针对 LSB 替换的隐写检测技术，典型的有卡方检测方法、基于正则组与奇异组的方法（RS）、样本对分析方法（SPA）、差分图像直方图方法（DH）等，还有与之相对应的一些改进方法。这些方法不仅能够较为可靠地判断待检测对象是否隐藏有秘密信息，而且可估计秘密信息的长度。在 DCT 域隐写检测方面，目前主要针对 JSteg、F5、OutGuess、基于模型的隐写（MB）等进行检测。针对 JSteg 检测，代表性的检测方法有卡方检测、基于模型的检测等；针对 F5 隐写，主要有基于校准前后直方图差异的检测、基于 DCT 系数相应的检测等；针对 OutGuess 和 MB 隐写，分别有基于块效应度量的检测和基于柯西分布拟合程度的检测等。

目前更受关注的隐写分析技术研究是通用盲检测技术，因为它对新的或未知的隐藏方法具有一定的检测能力。目前，盲检测算法的研究主要集中在特征的提取和分类器的选取等方面。其中，所提取的特征包括图像质量度量、概率密度函数矩、特征函数的质心和直方图频域统计矩等，也有不少方法中将多维特征组合成特征向量，结合分类器技术实现隐写检测。分类器主要选用贝叶斯（Bayes）分类器、支持向量机（Support Vector Machine，SWM）及神经网络分类器等。

3.3.3 数字水印与版权保护技术

1. 数字水印技术的基本概念

计算机网络通信技术的蓬勃发展，使得数据的交换和传输变得简单而快捷，开放的互联网环境有效地促进了信息交换与信息共享。但随之而来的副作用也非常明显，通过网络传输数据文件或作品使有恶意的个人或团体有可能在没有得到作品所有者的许可的情况下复制和传播有版权的内容。因此，如何在网络环境中实施有效的版权保护和内容安全手段成为一个迫在眉睫的现实问题。作为信息隐藏技术的重要分支，数字水印技术是将数字、序列号、文字、图像标志等版权信息嵌入多媒体数据中，如图像、音频、视频等，以起到保护版权、秘密通信、鉴别数据文件的真伪和标识产品等作用。

数字水印的产生最早可以追溯到 1954 年，Muzak 公司的 Emily Hembrooke 为带有水印的音乐作品申请了一项专利。在这项专利中，间歇性地应用中心频率为 1Hz 的窄带陷波滤波器将认证码嵌入音乐中。某频率上能量的缺失表明该处应用了陷波滤波器，而缺失的持续时间通常被编码为莫尔斯电码中的点或者长划的形式，用于表示认证码。该专利声称"所述发明使得原创音乐的正确辨认成为可能，从而形成了一个有效阻止盗版的方法，即本发明可类比为纸上的水印"。自此数字水印的思想进入人们的视野。

数字水印的真正理论概念出现在 1994 年的图像处理会议（ICIP94）上，Van Schindel 发表的题为 *A digital watermark* 的论文是第一篇在国际会议上发表的关于数字水印的论文。此后，大量的研究开始在国内外涌现。国内外许多研究院、大学和著名实验室都致力于这项研究，目前也已经有很多比较成熟的商用产品。例如，美国的 Digimarc 公司在 1995 年就推出了有专利权的水印制作技术，并应用在 Photoshop 4.0 和 CorelDraw 等软件中；美国的 Alp Vision 公司推出的 Lavell 软件可以在扫描图片中隐藏字符，用于标记原始文件的出处；Alp Vision 公司的另一款产品 SafePaper 则可在打印文档时将数字水印打印在纸的背面，用于证明文档的真伪。

国内也有一些公司将数字水印技术投入商用。成都宇飞科技公司将水印以二维置乱图像的方式显式印刷在发票背面，当需要鉴定真伪时可通过相应检测设备对水印进行验证。上海的阿须数码技术有限公司研发出数字证件、数字印章以及应用于 PDF 文本和视频等的数字水印产品，用于保护文档、图像和视频文件的版权。广州的百成公司在电子票据中使用可见的数字水印，为电子商务应用提供票据防伪保证。

目前，数字水印技术在数字产品版权保护、票据防伪、数据隐藏、隐蔽通信等方面均有重要应用。

作为信息隐藏技术的两大重要分支，数字水印与隐写术在技术实现上类似，但也有所区别，主要在于以下几方面：

（1）数字水印要保护的对象是载体，而隐写术中的载体一般只是起到诱骗的作用，而没有实际价值；

（2）数字水印的存在不需要隐藏，但隐写术中秘密信息的存在不能为人所知；

（3）数字水印需要的信息容量一般较小，而隐写术为实现通信的目的一般希望获得尽可能大的信息容量。

2. 数字水印技术模型

数字水印系统包含嵌入器和检测器两大部分。嵌入器至少具有两个输入量：一个是秘密信息，它通过适当变换后作为待嵌入的水印信号；另一个就是要在其中嵌入水印的数字产品，即载体水印嵌入器的输出结果为含水印的载体作品。之后载体作品和其他不含数字水印的数字产品可以作为水印检测器的输入量，若检测器判断存在水印，则输出为所嵌入的水印信号。

数字水印处理系统基本框架如图 3-7 所示。

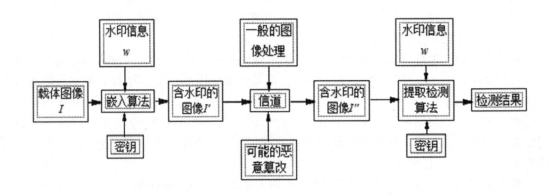

图 3-7　数字水印处理系统基本框架

3. 数字水印技术分类

现有的各种数字水印算法，按照不同的标准将得到不同的分类结果。

1）按特性划分

按照特性进行划分，数字水印可分成鲁棒型水印（Robust Watermark）和脆弱型水印（Fragile Watermark），鲁棒型水印主要用于数字产品的版权保护，在各种恶意攻击下都具备很好的抵抗性并且有很好的不可见性。脆弱型水印用于数据的真伪鉴别和完整性鉴定，又称为认证水印，与鲁棒型水印不同的是，脆弱型水印中微小的变化就足以破坏数字作品中加载的水印。脆弱型水印广泛应用于法律、商业、国防和新闻领域。由于数字信息的修改已变得非常容易，所以数字产品的可信性经常受到怀疑，而安全的数字产品鉴定技术对证明没有发生篡改是十分有意义的。

2）按水印所附载的媒体划分

按水印所附载的媒体进行划分，数字水印可分成图像水印、音频水印、视频水印、文本水印等。

3）按水印的嵌入位置划分

按水印的嵌入位置进行划分，数字水印可分成变换域数字水印和时（空）域数字水印。

变换域数字水印是在 DWT、DCT 等频域、小波变换域和时频变换域上隐藏水印，具有较强的鲁棒性。时（空）域数字水印是在信号空间上叠加水印信息，嵌入的信息量较大，但其鲁棒性较弱。

4. 针对数字水印技术的常见攻击

评价一个水印系统之前首先要考虑其有可能承受的攻击。对数字水印系统攻击的目的在于使相应的水印提取过程无法完整、正确地提取水印信号，或不能检测到水印信号的存在。水印攻击系统可以分为无意攻击和有意攻击两种，其中无意攻击包括 JPEG 压缩、加噪声攻击、中值滤波、锐化模糊处理、几何攻击等。有意攻击包括伪造肯定检测、多重水印、共谋攻击等。下面简要介绍这几种攻击方法。

（1）JPEG 压缩。JPEG 压缩是数字图像处理最普遍的方法，用一些图像处理工具可以很方便地实现。任何水印系统都必须能够经受某种程度的有损压缩，并能够提取出经过压缩后的图像中的水印。

（2）加噪声攻击。加噪声攻击是一种典型的无意攻击，图像在传输过程中必然会经受噪声攻击。噪声攻击分为很多种，实验中常用的有 Gaussian 噪声、椒盐噪声等。水印系统存在一个可接受的干扰噪声的最高限度。

（3）中值滤波。这是无意攻击中比较重要的一种，运算简单且速度快。当水印载体为图像时，使用二维中值滤波。

（4）锐化/模糊处理。锐化处理是使图像的清晰度更高，模糊处理则相反，其目的在于使图像清晰度降低。

（5）几何攻击。几何攻击包括图像的旋转、裁剪、改变大小、水平翻转、行列删除及广义的几何变形等。这种攻击往往使水印的检测系统无法找到水印的确切位置，或者因为水印发生畸变而无法正确提取。比如，对图像进行小角度旋转并不会改变其商业价值，但却可能使水印无法被检测或提取。

（6）伪造肯定检测。伪造肯定检测是指攻击者用一定的方法使水印检测器产生一个肯定的结论，以说明自己向作品嵌入了水印。

（7）多重水印。多重水印是指在含水印图像中再嵌入一个水印，攻击者可以检测出添加的水印，以非法夺得作品的所有权。

（8）共谋攻击。共谋攻击是指攻击者在拥有多个水印作品的情况下进行的一种攻击。在这种情况下，攻击者即使不知道算法，也常常能利用资源优势去除水印或者令水印难以提取。

在实际应用中，攻击者有可能同时使用几种攻击，比如在裁剪的同时进行旋转和压缩处理。

5. 评价数字水印技术的常用指标

了解了水印的常见攻击方式后，就可以对水印系统的性能进行评估了。对一个数字水印的评价是由其具体的应用来决定的，不同的应用需求对数字水印有着不同的要求。一般来说，评价个水印可以从以下几个方面考虑。

（1）有效性：将水印信息成功地嵌入随机载体的概率。

（2）不可感知性：数字水印是否不可感知，且不影响被保护数据的正常使用。

（3）鲁棒性：水印系统能够承受多种有意或无意的信号处理操作的能力，可能的信号处理过程包括信道噪声、滤波、数/模与模/数转换、重采样、剪切、位移、尺度变化及有损压缩编码等。

（4）带辅助信息检测：需要与原始载体有关的信息，才能检测出水印。

（5）盲检测：在没有其他信息的情况下，水印信息同样能被成功检测出来。

（6）虚警率：对未加水印而错误地检测出水印的频率的数学期望值。

（7）水印密钥：对水印信息的加（解）密，或者用密钥来控制水印的嵌入和提取。

（8）水印容量：水印系统可携带的最大有效载荷数据量。

（9）计算量：嵌入算法与提取算法的计算成本。

（10）多水印：同一载体中是否嵌入多个水印（互不干扰）。

常见的水印系统的评估主要针对两个方面：不可感知性和鲁棒性，而这两者一般是相互矛盾的。水印的嵌入量、嵌入强度等对水印的鲁棒性都有影响。通常，水印嵌入量越多，嵌入强度越大，鲁棒性越好，但是不可感知性就越差，所以在设计水印算法时，要对这两者综合考虑，进行折中。

练习题

一、单项选择题

1. 与大数据密切相关的技术是（　　　）。

A. 蓝牙　　　　　　　　　　　　　B. 云计算

C. 博弈论　　　　　　　　　　　　D. Wi-Fi

2. 用户收到了一封可疑的电子邮件，要求用户提供银行账户及密码，这是属于何种攻击手段？（　　　）

A. 缓存溢出攻击　　　　　　　　　B. 钓鱼攻击

C. 暗门攻击　　　　　　　　　　　D. DDoS 攻击

3. 以下哪项不属于防范"预设后门窃密"的对策？（　　　）

A. 大力提升国家信息技术水平和自主研发生产能力

B. 关键信息设备应尽量选用国内技术与产品

C. 涉密信息系统必须按照保密标准，采取符合要求的口令密码、智能卡或 USB Key、生理特征身份鉴别方式

D. 加强对引进设备与软件系统的安全检查和漏洞发现，阻断信息外泄的渠道

4. 下面不属于网络钓鱼行为的是（　　　）。

A. 以银行升级为诱饵，欺骗客户点击网址进行系统升级

B. 黑客利用各种手段，可以将用户的访问引导到假冒的网站上

C. 用户在假冒的网站上输入的信用卡号和密码都发送给黑客

D. 网购信息泄露，财产损失

5. 一个网络信息系统最重要的资源是（ ）。

A. 数据库 B. 计算机硬件

C. 网络设备 D. 数据库管理系统

6. 大数据的起源是（ ）。

A. 金融 B. 电信

C. 互联网 D. 公共管理

7. 世界上首例通过网络攻击瘫痪物理核设施的事件是（ ）。

A. 巴基斯坦核电站震荡波事件 B. 以色列核电站冲击波事件

C. 伊朗核电站震荡波事件 D. 伊朗核电站震网（Stuxnet）事件

8. 许多黑客攻击都是利用的缓冲区溢出的漏洞，对于这一威胁，最可靠的解决方案是（ ）。

A. 安装防火墙 B. 安装入侵检测系统

C. 给系统安装最新的补丁 D. 安装防病毒软件

9. 网络安全与信息化领导小组成立的时间是（ ）年。

A. 2012 B. 2013

C. 2014 D. 2015

10. 下列各项中错误的是（ ）。

A. 网络时代，隐私权的保护受到较大冲击

B. 虽然网络世界不同于现实世界，但也需要保护个人隐私

C. 由于网络是虚拟世界，所以在网上不需要保护个人的隐私

D. 可以借助法律来保护网络隐私权

11. 以下对网络空间的看法中，正确的是（ ）。

A. 网络空间是虚拟空间，不需要法律

B. 网络空间是一个无国界的空间，不受一国法律约束

C. 网络空间与现实空间分离，现实中的法律不适用于网络空间

D. 网络空间虽然与现实空间不同，但同样需要法律

12. 在连接互联网的计算机上，（ ）处理、存储涉及国家秘密和企业秘密信息。

A. 可以 B. 严禁

C. 不确定是否可以 D. 只要网络环境是安全的，就可以

13. 张同学发现安全软件提醒自己的电脑有系统漏洞，如果你是张同学，最恰当的做法是（ ）。

A. 立即更新补丁，修复漏洞 B. 不予理睬，继续使用电脑

C. 暂时搁置，一天之后再提醒修复漏洞 D. 重启电脑

14. 我们应当及时修复计算机操作系统和软件的漏洞，是因为（ ）。

A. 操作系漏洞补丁及时升级，软件漏洞补丁就没有必要及时修复

B. 以前经常感染病毒的机器，现在就不存在什么漏洞了

C. 漏洞就是计算机系统或者软件系统的缺陷，病毒和恶意软件可以通过这个缺陷趁虚而入

D. 手动更新后，玩游戏时操作系统就不会自动更新，不会占用网络带宽了

15. 2014 年 2 月，我国成立了（　　　），习近平总书记担任领导小组组长。

A. 中央网络技术和信息化领导小组　　　　B. 中央网络安全和信息化领导小组

C. 中央网络安全和信息技术领导小组　　　　D. 中央网络信息和安全领导小组

16. 通过电脑病毒甚至可以对核电站、水电站进行攻击导致其无法正常运转，对这一说法你认为以下哪个选项是准确的？（　　　）

A. 理论上可行，但没有实际发生过

B. 病毒只能对电脑攻击，无法对物理环境造成影响

C. 不认为能做到，危言耸听

D. 绝对可行，已有在现实中实际发生的案例

17. 习近平总书记曾指出，没有（　　　）就没有国家安全，没有信息化就没有现代化。

A. 互联网　　　　　　　　　　　　　　B. 基础网络

C. 网络安全　　　　　　　　　　　　　D. 信息安全

18. 大数据时代，数据使用的关键是（　　　）。

A. 数据收集　　　　　　　　　　　　　B. 数据存储

C. 数据分析　　　　　　　　　　　　　D. 数据再利用

19. 以下哪个选项是目前利用大数据分析技术无法进行有效支持的？（　　　）

A. 新型病毒的分析判断　　　　　　　　B. 天气情况预测

C. 个人消费习惯分析及预测　　　　　　D. 精确预测股票价格

20. 下列选项中，最容易遭受来自境外的网络攻击的是（　　　）。

A. 新闻门户网站　　　　　　　　　　　B. 电子商务网站

C. 掌握科研命脉的机构　　　　　　　　D. 大型专业论坛

二、多项选择题

1. 大数据的意义包括（　　　）。

A. 辅助社会管理　　　　　　　　　　　B. 推动科技进步

C. 促进民生改善　　　　　　　　　　　D. 支持商业决策

2. 信息系统复杂性体现在（　　　）。

A. 过程复杂　　　　　　　　　　　　　B. 结构复杂

C. 结果复杂　　　　　　　　　　　　　D. 应用复杂

3. 最常用的网络安全模型 PDRR 是指（　　　）。

A. 保护　　　　　　　　　　　　　　　B. 检测

C. 反应　　　　　　　　　　　　　　　D. 恢复

4. 大数据是需要新处理模式才能具有更强的（　　　）的海量、高增长率和多样化的信息资产。

A．决策力 B．判断力

C．洞察发现力 D．流程优化能力

5．网络空间通常可以从（　　　）来描绘。

A．物理域 B．技术域

C．逻辑域 D．认知域

6．认知域包括了网络用户相互交流产生的（　　　）。

A．知识 B．思想

C．情感 D．信念

7．以下哪些是高级持续性威胁（APT）的特点？（　　　）

A．此类威胁，攻击者通常长期潜伏

B．有目的、有针对性、全程人为参与的攻击

C．一般都有特殊目的（盗号、骗钱财、窃取保密文档等）

D．不易被发现

8．大数据主要来源于（　　　）。

A．数 B．人

C．机 D．物

9．习近平总书记在中央网络安全和信息化领导小组第一次会议上旗帜鲜明地提出了
（　　　）。

A．没有网络安全就没有现代化 B．没有信息化就没有国家安全

C．没有网络安全就没有国家安全 D．没有信息化就没有现代化

10．以下是《中华人民共和国网络安全法》规定的内容是（　　　）。

A．不得出售个人信息 B．严厉打击网络诈骗

C．以法律形式明确"网络实名制" D．重点保护关键信息基础设施

三、判断题

1．计算机操作系统、设备产品和应用程序是完美的，不会有漏洞。　　　　　（　　　）

2．电脑或者办公的内网进行物理隔离之后，他人无法窃取到电脑中的信息。　（　　　）

3．《国家信息化领导小组关于加强信息安全保障工作的意见》（〔2003〕27号），简称
"27号文"，它的诞生标志着我国信息安全保障工作有了总体纲领，其中提出要在5年内建
设中国信息安全保障体系。　　　　　　　　　　　　　　　　　　　　　（　　　）

4．信息安全保护的内涵，体现四个过程，即PDRR，是指保护、检测、反应、恢复。
　　　　　　　　　　　　　　　　　　　　　　　　　　　　　　　　　　（　　　）

5．大数据技术是从各种各样类型的数据中快速获得有价值信息的能力。　　（　　　）

6．物理域包括网络终端、链路、结点等组成的网络物理实体和电磁信号。　（　　　）

7．APT是高级可持续攻击。　　　　　　　　　　　　　　　　　　　　　（　　　）

8．大数据技术和云计算技术是两种完全不相关的技术。　　　　　　　　　（　　　）

9．PKI指的是公钥基础设施。　　　　　　　　　　　　　　　　　　　　（　　　）

10．成立中央网络安全和信息化领导小组，体现了党对网络安全强有力的领导和更加高

度的关注。   （　　）

11．2016 年 11 月 7 日，十二届全国人大常委会第二十四次会议表决通过了《中华人民共和国网络安全法》。   （　　）

12．APT 涵盖了社会工程学、病毒、0day 漏洞、木马、注入攻击、加密等多种攻击手段。   （　　）

13．小型计算机网络时代是信息技术发展的第二阶段。   （　　）

14．网络安全和信息化是事关国家安全和国家发展、事关广大人民群众工作生活的重大战略问题。   （　　）

15．大数据未能妥善处理会对用户隐私造成极大危害。   （　　）

16．网络空间是人类利用信息设施构造、实现信息交互，进而影响人类思想和行为的虚实结合的空间。   （　　）

17．随着国际信息安全领域的事件频繁发生，无论是高层领导或是专家或是普通民众对信息安全问题都高度重视。   （　　）

18．大数据是用来描述在网络的、数字的、遍布传感器的、信息驱动的世界中呈现出的数据泛滥的常用词语。大量数据资源为解决以前不可能解决的问题带来了可能性。   （　　）

19．"嗅探"就是利用移动存储介质在不同的计算机之间隐蔽传递数据信息的窃密技术。   （　　）

20．网络安全防御系统是一个动态的系统，攻防技术都在不断发展，安全防范系统也必须同时发展与更新。   （　　）

本章实训

实训一　认证与授权攻击实训

一、知识要点

1．认证与授权定义

认证（Authentication）：是指验证你是谁，一般需要用到用户名和密码进行身份验证。

授权（Authorization）：是指你可以做什么，而且这个发生在验证通过后，能够做什么操作。例如对一些文档的访问、更改、删除操作，需要授权。

通过认证系统确认用户的身份。通过授权系统确认用户具体可以查看哪些数据，执行哪些操作。

简单地说，认证是验证你是谁；授权是通过认证后，你可以做什么。

2. 认证与授权攻击产生原因

1）Cookie 安全

Cookie 是保存在客户端的纯文本文件，比如 txt 文件，所谓客户端就是用户的本地电脑，当用户使用自己的电脑通过浏览器访问网页的时候，服务器就会生成一个证书并返回给浏览器并写入本地电脑，这个证书就是 Cookie。

Cookie 文件必须由浏览器的支持，在浏览器中可以设置阻止 Cookie。这样服务器端就不能写入 Cookie 客户端了。目前，大多数浏览器都支持 Cookie，如 Chrome、IE、火狐等。一般来说 Cookie 都不能阻止，因为有时访问网站时必须使用 Cookie，否则网站将不能访问。

Cookie 中记录着用户的个人信息、登录状态等。使用 Cookie 欺骗可以伪装成其他用户来获取隐私信息等。

常见的 Cookie 欺骗有以下几种方法：

（1）设置 Cookie 的有效期。

（2）通过分析多账户的 Cookie 值的编码规律，使用破解编码技术来任意修改 Cookie 的值达到欺骗目的，这种方法较难实施。

（3）结合 XSS 攻击上传代码获取访问页面用户 Cookie 的代码，获得其他用户的 Cookie。

（4）通过浏览器漏洞获取用户的 Cookie，这种方法需要非常熟悉浏览器。

防范措施如下：

（1）不要在 Cookie 中保存敏感信息。

（2）不要在 Cookie 中保存没有经过加密或者容易被解密的敏感信息。

（3）对从客户端取得的 Cookie 信息进行严格校验，如登录时提交的用户名和密码的正确性。

（4）记录非法的 Cookie 信息进行分析，并根据这些信息对系统进行改进。

（5）使用 SSL 来传递 Cookie 信息。

（6）结合 Session 验证对用户访问授权。

（7）及时更新浏览器漏洞。

（8）设置 http only 增强安全性。

（9）实施系统安全性解决方案，避免 XSS 攻击。

2）Session 安全

session 是一个英语单词，有开会、会议等词义。

Session：在计算机中，尤其是在网络应用中，称为"会话控制"。Session 对象存储特定用户会话所需的属性及配置信息。这样，当用户在应用程序的 Web 页之间跳转时，存储在 Session 对象中的变量将不会丢失，而是在整个用户会话中一直存在。

当用户请求来自应用程序的 Web 页时，如果该用户还没有会话，则 Web 服务器将自动创建一个 Session 对象。当会话过期或被放弃后，服务器将终止该会话。Session 对象最常见的一个用法就是存储用户的首选项。

服务器端和客户端之间是通过 Session 来连接沟通的。当客户端的浏览器连接到服务器后，服务器就会建立一个该用户的 Session。每个用户的 Session 都是独立的，并且由服务器来维护。每个用户的 Session 是用一个独特的字符串来识别的，称为 Session ID。用户发出请求时，所发送的 http 表头内包含 Session ID 的值。服务器使用 http 表头内的 Session ID 来识别是哪个用户提交的请求。一般 Session ID 传递方式是在 URL 中指定 Session 或存储在 Cookie 中，后一种方式广泛使用。

会话劫持是指攻击者利用各种手段来获取目标用户的 Session ID。一旦获取到 Session ID，那么攻击者可以利用目标用户的身份来登录网站，获取目标用户的操作权限。

攻击者获取目标用户 Session ID 的方法如下。

（1）暴力破解：尝试各种 Session ID，直到破解为止。

（2）计算：如果 Session ID 使用非随机的方式产生，那么就有可能计算出来。

（3）窃取：使用网络截获、XSS、CSRF 攻击等方法获得。

具体防范方法有：

（1）定期更改 Session ID，这样每次重新加载都会产生一个新的 Session ID。

（2）只从 Cookie 中传送 Session ID 结合 Cookie 验证。

（3）只接受服务器产生的 Session ID。

（4）只在用户登录授权后生成 Session 或登录授权后变更 Session。

（5）为 Session ID 设置 Time-Out 时间。

（6）验证来源，如果 Refer 的来源是可疑的，就删除 Session ID。

（7）如果用户代理 user-agent 变更时，重新生成 Session ID。

（8）使用 SSL 连接。

（9）防止 XSS、CSRF 漏洞。

除了 Cookie 或 Session 安全设计不完善导致认证授权有错，还有可能由于系统授权设计与访问控制有错或者业务逻辑设计有误，导致认证与授权攻击。

3．认证可能出现的问题

1）密码猜测

以下哪种错误提示更加适合呢？

（1）输入的用户名不正确。

（2）输入的密码不正确。

（3）输入的用户名或密码不正确。

前面两种提示信息其实是在暗示用户正确输入了什么、哪个不正确。而第三种给出的提示就比较模糊，可能是用户名，也可能是密码错误。使用前两种提示信息会给黑客们提供可乘之机。

应对密码猜测攻击，一般有以下几种方法：

（1）超过错误次数账户锁定。

（2）使用 RSA/验证码。RSA 加密算法是一种非对称加密算法，在公开密钥加密和电子商务中被广泛使用。

（3）使用安全性高的密码策略。

很多网站是这三种方法结合起来使用的。另外，在将密码保存到数据库时也一定要检查是否经过严格的加密处理。

2）找回密码的安全性

最不安全的做法就是在邮件内容中发送明文新密码，一旦邮箱被盗，对应网站的账号也会被盗；一般做法是在邮件中发送修改密码链接，测试时就需要特别注意用户信息标识是否加密、加密方法以及是否容易破解；还有一种做法就是修改时回答问题，问题回答正确才能进行修改。

4．授权可能出现的问题

在很多系统如 CRM、ERP、OA 中都有权限管理，其中的目的一是管理公司内部人员的权限，二是避免人人都有权限，当账号泄露后会对公司产生不好的负面影响。

权限一般分为两种：访问权限和操作权限。访问权限就是访问某个页面的权限，对于特定的一些页面只有特定的人员才能访问。而操作权限指的是执行某种操作的权限。

权限的处理方式可以分为两种：用户权限和组权限。设置多个组，不同的组设置不同的权限，而把用户设置到不同的组中，他们就继承了组的权限，这种方式就是组权限管理，一般都是使用这种方式管理。而用户权限管理则比较简单，对每个用户设置权限，而不是拉入某个组里面，但是其灵活性不够强，用户多的时候就比较费劲了，每次都要设置很久的权限，而一部分用户权限是有共性的，所以组权限是目前比较通用的处理方式。

5．常见授权类型

1）自主访问控制 DAC（Discretionary Access Control）

资源所有者设置的权限，可分配授权（Assignable Authorzation），由客体的属主对自己的客体进行管理，由属主自己决定是否将自己的客体访问权或部分访问权授予其他主体，这种控制方式是自主的。也就是说，在自主访问控制下，用户可以按自己的意愿，有选择地与其他用户共享他的文件。

2）基于角色的访问控制 RBAC（Role-Based Access Control）

用户通过角色与权限进行关联。简单地说，一个用户拥有若干角色，每一个角色拥有若干权限。这样，就构造成"用户－角色－权限"的授权模型。在这种模型中，用户与角色之间、角色与权限之间，一般都是多对多的关系。其基本思想是，对系统操作的各种权限不是直接授予具体的用户，而是在用户集合与权限集合之间建立一个角色集合。每一种角色对应一组相应的权限。一旦用户被分配了适当的角色，该用户就拥有此角色的所有操作权限。这样做的好处是，不必在每次创建用户时都进行分配权限的操作，只要分配用户相应的角色即可，而且角色的权限变更比用户的权限变更要少得多，这样将简化用户的权限管理，减少系统的开销。

3）基于规则的访问控制 Rule-Based（Rule-Based Access Control）

基于规则的安全策略系统中，所有数据和资源都标注了安全标记，用户的活动进程与其原发者具有相同的安全标记。系统通过比较用户的安全级别和客体资源的安全级别，判断是否允许用户进行访问。这种安全策略一般具有依赖性与敏感性。

4）数字版权管理 DRM（Digital Rights Management）

版权保护机制，用于保护内容创建者和未授权的分发。

5）基于时间的授权 TBA（Time Based Authorization）

根据时间对象请求，确定访问资源。

二、实训目标

通过认证与授权攻击可能带来的风险实训，以特定的步骤进行攻击，增强学生对信息数据安全的认识。

三、实训内容

通过访问网页和用户登录，验证安全性。

四、系统准备

Windows 10、360 极速浏览器。

五、实训步骤

（1）打开网页：http://zero.webappsecurity.com/，如图 3-8 所示。

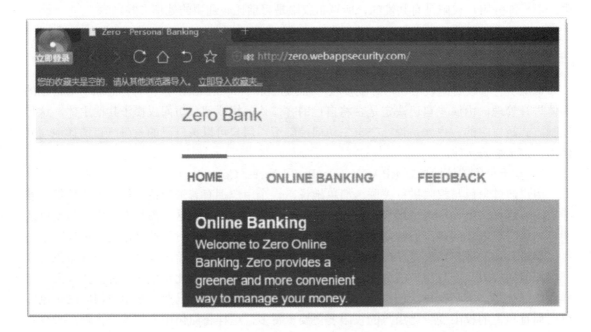

图 3-8　打开网页

（2）在地址后追加"admin"，按回车键确认，如图 3-9 所示。

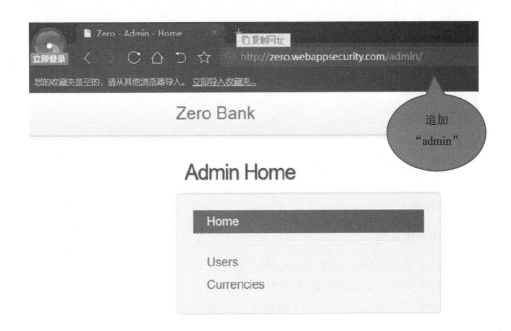

图 3-9　地址后追加"admin"

　　结果应该是找不到页面或显示管理员登录页面，而实际结果是转到管理员页面，单击 "Users"链接能看到系统中所有用户名与密码，如图 3-10 所示。

Users

Name	Password	SSN
Leeroy Jenkins	VIZ10AWT8VL	536-48-3769
Stephen Bowen	OTZ07BXM0BE	607-58-7435
Linus Moran	FKO04SXA7TI	247-54-1719
Nero Chan	TXJ77CQO5EI	578-13-3713
Kadeem Higgins	MFC50OQE7VO	449-20-3206
Quinn Burks	HWZ97ZUM3NK	008-70-6738
Davis Thompson	RGD78SHB0TG	574-56-1932
Lester Keller	EIJ79NLT0TP	330-58-4012

图 3-10　转到管理员页面

　　这是典型的身份认证与会话管理方面的安全问题。身份认证，最常见就是登录功能，提交用户名和密码，在安全性要求更高的情况下，有防止密码暴力破解的验证码，基于用户的证书、物理口令卡等。

实训二 XSS 攻击实训

一、知识要点

1. XSS 攻击定义

跨站脚本攻击（Cross Site Scripting，XSS）是发生在目标用户的浏览器层上的。当渲染 DOM 树的过程中生成了不在预期内执行的 JS（JavaScript）代码时，就发生了 XSS 攻击。

大多数 XSS 攻击的主要方式是嵌入一段远程或第三方域上的 JS 代码，实际上是在目标网站的作用域中执行了这段 JS 代码。

2. XSS 攻击产生原理

攻击者往 Web 页面里插入恶意 JavaScript 代码，当用户浏览该页时，嵌入 Web 里面的 JavaScript 代码会被执行，从而达到恶意攻击用户的目的。

造成 XSS 代码执行的根本原因在于数据渲染页面过程中，HTML 解析触发执行了 XSS 脚本。

二、XSS 攻击危害及分类

1. XSS 攻击的主要危害

（1）盗取各类用户账号。

（2）非法转账。

（3）网站挂马。

（4）强制发送电子邮件。

（5）控制受害者机器向其他网站发起攻击。

（6）盗窃企业重要的具有商业价值的资料。

（7）控制企业数据，包括读取、篡改、添加或删除企业敏感数据。

2. XSS 攻击分类

1）持久型

用户含有 XSS 代码的输入被存储到数据库或文件中。当其他用户访问这个页面时，就会受到 XSS 攻击。

2）反射型

用户将带有 XSS 攻击的代码作为输入传给服务器，服务器端没有处理用户输入，直接返回给前端。

3）DOM-based 型

DOM-based XSS 是浏览器解析机制导致的漏洞，服务器不参与。因为不需要服务器传递数据，XSS 代码会从 URL 中注入页面中，利用浏览器解析 Script、标签的属性和触发事件导致 XSS。

三、实训目标

学生了解 XSS 攻击可能带来的风险，精心构造特定语句进行攻击，了解数据受到攻击的风险，增强对信息安全重要性的认知。

四、实训内容

CTF Micro-CMS v1 网站有 XSS 攻击风险。

测试平台：Windows 10+360 极速浏览器。

五、测试步骤：

（1）打开国外安全夺旗比赛网站主页：https://ctf.hacker101.com/ctf，如果已有账号请直接登录，没有账号请注册一个账号并登录。

（2）登录成功后，请进入到 Micro-CMS v1 网站项目 https://ctf.hacker101.com/ctf/launch/2，如图 3-11 所示。

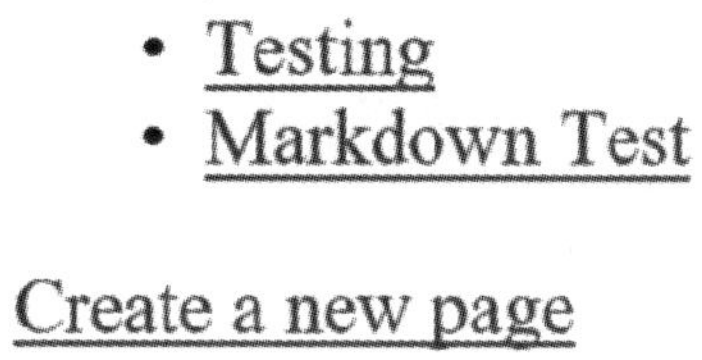

- Testing
- Markdown Test

Create a new page

图 3-11　Micro-CMS v1 网站项目

（3）单击"Create a new page"链接，出现如图 3-12 所示页面，在输入框输入"<script>alert（'XSS'）<script>"。

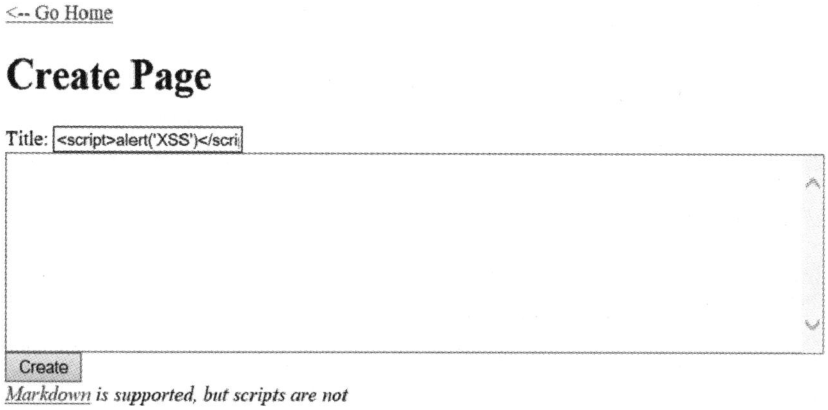

<-- Go Home

Create Page

Title: `<script>alert('XSS')</scri`

Create

Markdown is supported, but scripts are not

图 3-12　"Create page"页面

（4）单击"Create"按钮观察。

期望结果：脚本不会执行。

实际结果：脚本执行，捕获 Flag，如图 3-13 所示。关闭 Flag 对话框，就会出现 XSS 攻击成功框，如图 3-14 所示。

34.94.3.143 says

^FLAG^B3828D71f7d98be7f0579576ca1ea5d4fe8e87ad2b79c4bfa4
f732f31cd389$FLAG$

图 3-13　脚本执行结果

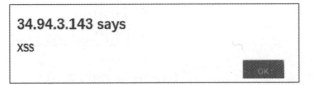

图 3-14　XSS 攻击成功

对于 XSS 攻击，永远不要相信用户的输入，对用户输入的数据要进行适当处理，在渲染输出前还要进行适当的编码或转义，才能有效地避免 XSS 攻击。

在交互页面输入"<script>alert（'XSS'）<script>"漏洞代码，查看是否出现弹框并显示出 XSS。

对于用户在表单中填写的用户名，如果程序员直接输出显示，就会有 XSS 攻击风险，因为对于用户名，攻击者同样可以用 XSS 攻击语句进行填充，所以在输入时，如果没有防护住，那么在输出展示时，一定要对一些特殊字符进行适当的编码处理才能进行输出展示。

实训三　网络安全设置（以华为设备为例）

一、实训目标

通过实训操作练习，了解防止网络攻击的设备及原理，初步掌握网络安全的基本设置，加深对网络信息安全的认识。

二、网络拓扑图（如图 3-15 所示）

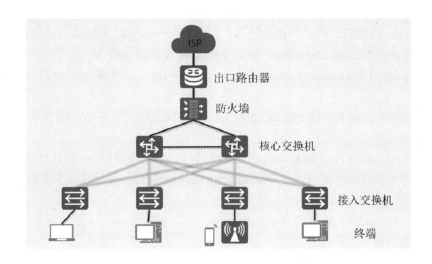

图 3-15　网络拓扑图

三、实物连接拓扑图

　　将华为防火墙部署在内网出口处，企业内网部署了 Web 服务器。经检测，Web 服务器经常受到 SYN Flood、UDP Flood 和 HTTP Flood 攻击，为了保障 Web 服务器的正常运行，需要在华为防火墙上开启攻击防范功能，用来防范以上三种类型的 DDoS 攻击，如图 3-16 所示。

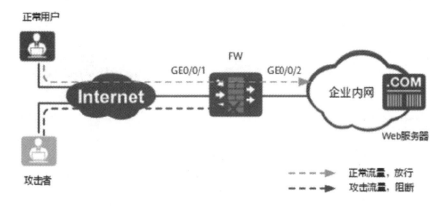

图 3-16　防范 DDoS 攻击 Web 服务器

四、配置攻击防范参数

[HUAWEI] interface GigabitEthernet0/0/1

[HUAWEI-GigabitEthernet0/0/1] anti-ddos flow-statistic enable //开启流量统计功能

[HUAWEI-GigabitEthernet0/0/1] quit

[HUAWEI] ddos-mode {detect-clean/ detect-only } //设置 DDoS 攻击的检测和清洗方式。detect-clean 指定防御模式为自动防御；detect-only 指定防御模式为不防御

[HUAWEI] anti-ddos baseline-learn start //配置阈值学习功能

[HUAWEI] anti-ddos baseline-learn tolerance-value 100 //配置阈值学习功能的学习容忍度

[HUAWEI] anti-ddos baseline-learn apply //开启阈值学习结果自动应用功能

开启攻击防范功能。

[HUAWEI] anti-ddos syn-flood source-detect //开启全局 SYN Flood 源认证防御功能

[HUAWEI] anti-ddos udp-flood dynamic-fingerprint-learn //开启基于全局的 UDP Flood 攻击防范功能

[HUAWEI] anti-ddos udp-frag-flood dynamic-fingerprint-learn //开启基于全局的 UDP 分片报文攻击防范功能

[HUAWEI] anti-ddos http-flood defend alert-rate 2000 //配置全局 HTTP Flood 攻击防范的启动阈值

[HUAWEI] anti-ddos http-flood source-detect mode basic //开启全局 HTTP Flood 攻击防范功能，并设置防御方式为 basic

五、实例

1. 网络拓扑图（如图 3-17 所示）

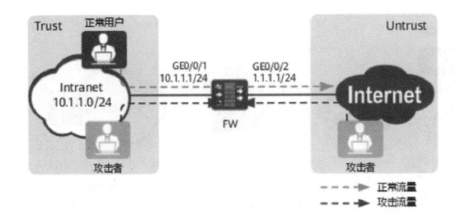

图 3-17 网络拓扑图

某企业在网络边界处部署了华为防火墙作为安全网关。内网 PC 通过地址池中的公网地址上网，企业向运营商申请了公网 IP，作为私网地址转换后的公网地址。

当网络中出现恶意攻击者利用内网 PC 不断向外网发起大量新建连接，大量消耗HUAWEI 的性能资源，可能导致其他业务异常。通常在这种情况下，恶意攻击的源 IP 地址

较固定，目的 IP 地址随机且个数较多，因此需要在华为防火墙内网接口上配置基于源 IP 的新建连接限速功能。

另外，公网地址可能被来自外网的恶意攻击者利用，外网的恶意攻击者不断向公网地址发起大量新建连接，由于公网地址池启用了黑洞路由，大量的黑洞路由丢包导致路由开销大，大量占用华为防火墙的性能资源，从而导致其他业务异常。这种情况下，由于攻击报文的目的 IP 地址为地址池中的地址，所以需要在华为防火墙外网接口上配置基于目的 IP 的新建连接限速功能。

2．设备配置

配置每 IP 新建连接限速。

[HUAWEI] firewall defend ipcar source session-rate-limit 500　//配置每 IP 新建连接速率的最大值，当设备检测到某 IP 的新建连接速率超过配置的最大值时，就会做相应的防御处理

[HUAWEI] firewall defend ipcar destination session-rate-limit 1000

[HUAWEI] firewall defend ipcar source mode alert　//配置每 IP 新建连接速率超出设备配置的最大值时的防御模式，alert 表示告警模式

[HUAWEI] firewall defend ipcar destination mode alert

[HUAWEI] interface GigabitEthernet0/0/1

[HUAWEI-GigabitEthernet0/0/1] firewall defend ipcar source session-rate-limit enable　//启用当前接口的每 IP 新建连接限速功能

[HUAWEI-GigabitEthernet0/0/1] quit

[HUAWEI] interface GigabitEthernet0/0/2

[HUAWEI-GigabitEthernet0/0/2] firewall defend ipcar destination session-rate-limit enable

[HUAWEI-GigabitEthernet0/0/2] quit

3．DHCP Server 仿冒者攻击

如图 3-18 所示，由于 DHCP 请求报文以广播形式发送，所以 DHCP Server 仿冒者可以侦听到此报文。DHCP Server 仿冒者回应给 DHCP Client 仿冒信息，如错误的网关地址、错误的 DNS 服务器、错误的 IP 等，达到 DoS（Deny of Service）的目的。

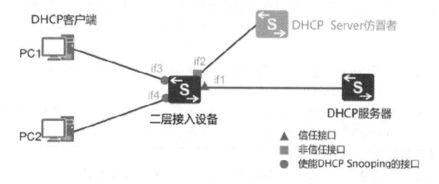

图 3-18　DHCP Server 仿冒者攻击

为防止 DHCP Server 仿冒者攻击，可使用 DHCP Snooping 的"信任（Trusted）/不信任（Untrusted）"工作模式。

把某个物理接口或者 VLAN 的接口设置为"信任（Trusted）"或者"不信任（Untrusted）"。凡是从"不信任（Untrusted）"接口上收到的 DHCP Reply（Offer、ACK、NAK）报文直接丢弃，这样可以隔离 DHCP Server 仿冒者攻击

在交换机上配置如下。

[Huawei] dhcp snooping enable   //开启 DHCP snooping 防护

[Huawei]interface GigabitEthernet 0/0/1

[Huawei –GigabitEthernet0/0/1] dhcp snooping enable   //接口下开启

[Huawei –GigabitEthernet0/0/1] quit

[Huawei] interface GigabitEthernet 0/0/2

[Huawei –GigabitEthernet0/0/2] dhcp snooping enable

[Huawei –GigabitEthernet0/0/2] dhcp snooping trusted   //配置接口为信任接口

4．中间人攻击

网络中针对 ARP 的攻击层出不穷，中间人攻击是常见的 ARP 欺骗攻击方式之一。中间人攻击是指攻击者与通信的两端分别创建独立的联系，并交换其收到的数据，使通信的两端认为与对方直接对话，但事实上整个会话都被攻击者完全控制。在中间人攻击中，攻击者可以拦截通信双方的通话并插入新的内容。

中间人攻击的一个场景：攻击者主动向 UserA 发送伪造 UserB 的 ARP 报文，导致 UserA 的 ARP 表中记录了错误的 UserB 地址映射关系，攻击者可以轻易获取到 UserA 原本要发往 UserB 的数据；同样，攻击者也可以轻易获取到 UserB 原本要发往 UserA 的数据。这样，UserA 与 UserB 间的信息安全无法得到保障，如图 3-19 所示。

5．配置思路

（1）使能动态 ARP 检测功能，使 SwitchA 对收到的 ARP 报文对应的源 IP、源 MAC、VLAN 以及接口信息进行 DHCP Snooping 绑定表匹配检查，实现防止 ARP 中间人攻击。

（2）使能动态 ARP 检测丢弃报文告警功能，使 SwitchA 开始统计丢弃的不匹配 DHCP Snooping 绑定表的 ARP 报文数量，并在丢弃数量超过告警阈值时能以告警的方式提醒管理员，这样可以使管理员根据告警信息以及报文丢弃计数来了解当前 ARP 中间人攻击的频率和范围。

（3）配置 DHCP Snooping 功能，并配置静态绑定表，使动态 ARP 检测功能生效。

[Switch] interface gigabitethernet 0/0/1

[Switch–GigabitEthernet0/0/1] arp anti–attack check user–bind enable   //使能 ARP 动态检查功能

[Switch–GigabitEthernet0/0/1] arp anti–attack check user–bind alarm enable   //使能动态 ARP 检测丢弃报文告警功能

除了动态的通过联动 DHCP snooping 绑定表，也可进行静态表象绑定。

[Switch] user–bind static ip–address 10.0.0.2 mac–address 0001-0001-0001 interface

gigabitethernet 0/0/3 vlan 10

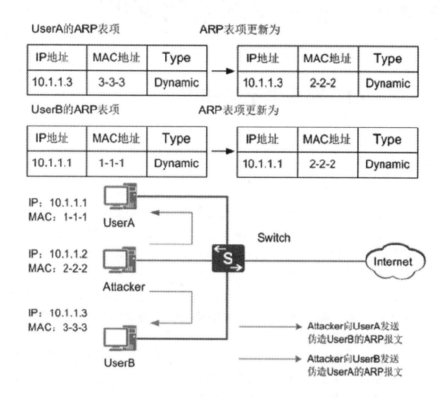

图 3-19　中间人攻击

第 4 章　密码学基础和应用

4.1　密码学基础知识

4.1.1　密码学定义

密码学是研究如何隐密地传递信息的学科，在现代特别指对信息以及其传输的数学性研究，常被认为是数学和计算机科学的分支，和信息论也密切相关。著名的密码学者 Ron Rivest 解释道："密码学是关于如何在敌人存在的环境中通信。"从工程学的角度，这相当于密码学与纯数学的异同。密码学是信息安全等相关议题，如认证、访问控制的核心。密码学的首要目的是隐藏信息的含义，并不是隐藏信息的存在。密码学也促进了计算机科学，特别是计算机与网络安全所使用的技术，如访问控制与信息的机密性。密码学已被应用在日常生活中，包括自动柜员机的芯片卡、电子商务等。

密码是通信双方按约定的法则进行信息特殊变换的一种重要保密手段。依照这些法则，变明文为密文，称为加密变换；变密文为明文，称为脱密变换。密码在早期仅对文字或数码进行加密、脱密变换，随着通信技术的发展，对语音、图像、数据等都可实施加密、脱密变换。

密码学是在编码与破译的斗争实践中逐步发展起来的，并随着先进科学技术的应用，已成为一门综合性的尖端技术科学。它与语言学、数学、电子学、声学、信息论、计算机科学等有着广泛而密切的联系。它的现实研究成果，特别是各国政府现在使用的密码编制及破译手段都具有高度的机密性。

密码学进行明密变换的法则，称为密码的体制。实施这种变换的参数，称为密钥。它们是密码编制的重要组成部分。密码体制的基本类型可以分为四种：错乱——按照规定的图形和线路，改变明文字母或数码等的位置成为密文；代替——用一个或多个代替表将明文字母或数码等代替为密文；密本——用预先编定的字母或数字密码组，代替一定的词组、单词等，变明文为密文；加乱——用有限元素组成的一串序列作为乱数，按规定的算法，同明文序列相结合变成密文。以上四种密码体制，既可单独使用，也可混合使用，以编制出各种复杂度很高的实用密码。

20 世纪 70 年代以来，一些学者提出了公开密钥体制，即运用单向函数的数学原理，以实现加密、脱密密钥的分离。加密密钥是公开的，脱密密钥是保密的。这种新的密码体制，引起了密码学界的广泛注意和探讨。

利用文字和密码的规律，在一定条件下，采取各种技术手段，通过对截取密文的分析，以求得明文，还原密码编制，即破译密码。破译不同强度的密码，对条件的要求也不相同，甚至很不相同。

4.1.2　密码学理论基础

在通信过程中，待加密的信息称为明文，已被加密的信息称为密文，仅有收、发双方知道的信息称为密钥。在密钥控制下，由明文变为密文的过程叫加密，其逆过程叫脱密或解密。在密码系统中，除合法用户外，还有非法的截收者，他们试图通过各种办法窃取机密（又称为被动攻击）或篡改消息（又称为主动攻击）。

密码通信系统如图 4-1 所示。

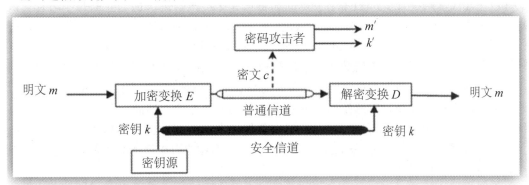

图 4-1　密码通信系统

对于给定的明文 m 和密钥 k，加密变换 Ek 将明文变为密文 $c=f(m, k)=Ek(m)$，在接收端，利用脱密密钥 k_1，（有时 $k=k_1$）完成脱密操作，将密文 c 恢复成原来的明文 $m=Dk_1(c)$。一个安全的密码体制应该满足以下要求以下要求：

（1）非法截收者很难从密文 c 中推断出明文 m；

（2）加密和脱密算法应该相当简便，而且适用于所有密钥空间；

（3）密码的保密强度只依赖于密钥；

（4）合法接收者能够检验和证实消息的完整性和真实性；

（5）消息的发送者无法否认其所发出的消息，同时也不能伪造别人的合法消息；

（6）必要时可由仲裁机构进行公断。

现代密码学所涉及的学科包括：信息论、概率论、数论、计算复杂性理论、近世代数、离散数学、代数几何学和数字逻辑等。

密码学中的一些专业术语说明如下。

密钥：分为加密密钥和解密密钥。

明文：没有进行加密，能够直接代表原文含义的信息。

密文：经过加密处理处理之后，隐藏原文含义的信息。

加密：将明文转换成密文的实施过程。

解密：将密文转换成明文的实施过程。

密码算法：密码系统采用的加密方法和解密方法，随着基于数学的密码技术的发展，加密方法一般称为加密算法，解密方法一般称为解密算法。

直到现代以前，密码学几乎专指加密（encryption）算法：将普通信息（明文，plaintext）转换成难以理解的资料（密文，ciphertext）的过程；解密（decryption）算法则是其相反的过程，由密文转换回明文；加解密包含了这两种算法，一般加密即同时指称加密（encrypt 或 encipher）与解密（decrypt 或 decipher）的技术。

加解密的具体运作由两部分决定：一个是算法，另一个是密钥。密钥是一个用于加解密算法的秘密参数，通常只有通信者拥有。历史上，密钥通常未经认证或完整性测试而被直接使用在密码机上。

密码协议（cryptographic protocol）是使用密码技术的通信协议（communication protocol）。近代密码学者多认为除了传统的加解密算法，密码协议也一样重要，两者为密码学研究的两大课题。在英文中，cryptography 和 cryptology 都可代表密码学，前者又称密码术。但更严谨地说，前者（cryptography）指密码技术的使用，而后者（cryptology）指研究密码的学科，包含密码术与密码分析。密码分析（cryptanalysis）是研究如何破解密码学的学科。但在实际使用中，通常都称密码学（英文通常称 cryptography），而不具体区分其含义。

口语上，编码（code）常意指加密或隐藏信息的各种方法。然而，在密码学中，编码有更特定的意义：它意指以码字（code word）取代特定的明文。例如，以"苹果派"（apple pie）替换"拂晓攻击"（attack at dawn）。编码已经不再被使用在严谨的密码学中，它在信息论或通信原理上有更明确的意义。

在汉语口语中，电脑系统或网络使用的个人账户口令（password）也常被以密码代称，虽然口令亦属密码学研究的范围，但学术上口令与密码学中所称的钥匙（key）并不相同，即使两者间常有密切的关连。

其实在公元前，秘密书信已用于战争之中。西洋"史学之父"希罗多德的《历史》一书中记载了一些最早的秘密书信故事。公元前 5 世纪，希腊城邦与波斯发生多次冲突和战争。公元前 480 年，波斯秘密集结了强大的军队，准备对雅典和斯巴达发动一次突袭。希腊人狄马拉图斯在波斯的苏萨城里看到了军队集结，便用一层蜡把木板上的字遮盖住，把情报送往希腊以告知波斯的图谋。最后，波斯海军覆没于雅典附近的沙拉米斯湾。

由于古时多数人并不识字，最早的秘密书写的形式只用到纸笔等物品，随着识字率提高，就出现了真正的密码学。最古典的两个加密技巧如下。

置换（Transposition cipher）：将字母顺序重新排列，例如"help me"变成"ehpl em"。

替代（substitution cipher）：系统地将一组字母换成其他字母或符号，例如"fly at once"变成"gmz bu podf"（每个字母用下一个字母取代）。

4.1.3　加密

加密旨在确保通信的秘密性，例如间谍、军事将领、外交人员间的通信。

宋代曾公亮、丁度等编撰《武经总要》记载，北宋前期，在作战中曾用一首五言律诗的

40 个汉字，分别代表 40 种情况或要求，这种方式已具有了密本体制的特点。

1871 年，由上海大北水线电报公司选用 6899 个汉字，代以四码数字，成为中国最初的商用明码本，同时也设计了由明码本改编为密本及进行加乱的方法。在此基础上，逐步发展出了各种比较复杂的密码。

在欧洲，公元前 405 年，斯巴达的将领来山得使用了原始的错乱密码；公元前 1 世纪，古罗马皇帝凯撒曾使用有序的单表代替密码；之后逐步发展为密本、多表代替及加乱等各种密码体制。

20 世纪初，产生了最初的可以实用的机械式和电动式密码机，同时出现了商业密码机公司和市场。20 世纪 60 年代，电子密码机得到较快的发展和广泛的应用，使密码的发展进入了一个新的阶段。

4.1.4　密码破译

密码破译是随着密码的使用而逐步产生和发展的。1412 年，波斯人卡勒卡尚迪所编的百科全书中载有破译简单代替密码的方法。到 16 世纪末期，欧洲一些国家设有专职的破译人员，以破译截获的密信。密码破译技术有了相当的发展。1863 年普鲁士人卡西斯基所著《密码和破译技术》，以及 1883 年法国人克尔克霍夫所著《军事密码学》等著作，都对密码学的理论和方法做过一些论述和探讨。1949 年美国人香农发表了《秘密体制的通信理论》一文，应用信息论的原理分析了密码学中的一些基本问题。

自 19 世纪以来，电报特别是无线电报的广泛使用，为密码通信和第三者的截收都提供了极为有利的条件。通信保密和侦收破译形成了一条斗争十分激烈的隐蔽战线。

1917 年，英国破译了德国外长齐默尔曼的电报，促成了美国对德宣战。1942 年，美国从破译的日本海军密电中，获悉日军对中途岛地区的作战意图和兵力部署，从而能以劣势兵力击败日本海军的主力，扭转了太平洋地区的战局。在保卫英伦三岛和其他许多著名的历史事件中，密码破译的成功都起到了极其重要的作用，这些事例也从反面说明了密码保密的重要地位和意义。

当今世界各主要国家的政府都十分重视密码工作，有的设立庞大机构，拨出巨额经费，集中数以万计的专家和科技人员，投入大量高速的电子计算机和其他先进设备进行工作。与此同时，各民间企业和学术界也对密码日益重视，不少数学家、计算机学家和其他有关学科的专家也投身于密码学的研究行列，更加速了密码学的发展。

数据加密的基本思想是通过变换信息的表示形式来伪装需要保护的敏感信息，使非授权者不能了解被保护信息的内容。网络安全使用密码学来辅助完成在传递敏感信息方面的相关问题，主要包括以下几方面。

1. 机密性（Confidentiality）

仅有发送方和指定的接收方能够理解传输的报文内容。窃听者可以截取到加密了的报文，但不能还原出原来的信息，即不能得到报文内容。

2．鉴别（Authentication）

发送方和接收方都应该能证实通信过程所涉及的另一方，通信的另一方确实具有他们所声称的身份。即第三者不能冒充跟你通信的对方，能对对方的身份进行鉴别。

3．报文完整性（Message Intergrity）

即使发送方和接收方可以互相鉴别对方，但他们还需要确保其通信的内容在传输过程中未被改变。

4．不可否认性（Non-repudiation）

人们收到通信对方发来的报文后，还要证实报文确实来自所宣称的发送方，发送方也不能在发送报文以后否认自己发送过报文。

4.2　密码学的应用

以前人们都认为密码是政府、军事、外交、安全等部门专用，从这时候起，人们看到密码已由公用到民用研究，这种转变也导致了密码学的空前发展。

迄今为止的所有公钥密码体系中，RSA 系统是最著名、使用最广泛的一种。RSA 公开密钥密码系统是由 R.Rivest、A.Shamir 和 L.Adleman 三位教授于 1977 年提出的，RSA 的取名就是来自于这三位发明者姓氏的第一个字母。

RSA 算法研制的最初目标是解决利用公开信道传输分发 DES 算法的秘密密钥的难题。而实际结果不但很好地解决了这个难题，还可利用 RSA 来完成对电文的数字签名，以防止对电文的否认与抵赖，同时还可以利用数字签名较容易地发现攻击者对电文的非法篡改，从而保护数据信息的完整性。

公用密钥的优点就在于：也许使用者并不认识某一实体，但只要其服务器认为该实体的 CA（Certification Authority，认证中心）是可靠的，就可以进行安全通信，而这正是 Web 商务这样的业务所要求的。例如使用信用卡购物，服务方对自己的资源可根据客户 CA 的发行机构的可靠程度来授权。目前国内外尚没有可以被广泛信赖的 CA，而由外国公司充当 CA 在我国是非常危险的。

公开密钥密码体制较秘密密钥密码体制处理速度慢，因此，通常把这两种技术结合起来能实现最佳性能。即用公开密钥密码技术在通信双方之间传送秘密密钥，而用秘密密钥来对实际传输的数据加密、解密。

密码技术不仅用于网上传送数据的加解密，也用于认证、数字签名完整性以及 SSL、SET 等安全通信标准和 IPsec 安全协议中，其具体应用如下。

1．用来加密保护信息

利用密码变换将明文变换成只有合法者才能恢复的密文，这是密码的最基本功能。信息的加密保护包括传输信息和存储信息两方面，后者解决起来难度更大。

2．采用数字证书来进行身份鉴别

数字证书就是网络通信中标志通信各方身份信息的一系列数据，是网络正常运行所必需的。现在一般采用交互式询问回答，在询问和回答过程中采用密码加密。在电子商务系统中，所有参与活动的实体都需要用数字证书来表明自己的身份，数字证书从某种角度上说就是"电子身份证"。

3．数字指纹

在数字签名中有重要作用的"报文摘要"算法，即生成报文"数字指纹"的方法，近年来备受关注，构成了现代密码学的一个重要方面。

4．采用密码技术对发送信息进行验证

为防止传输和存储的消息被有意或无意地篡改，采用密码技术对消息进行运算生成消息的验证码，附在消息之后发出或与信息一起存储，对信息进行验证，它在票房防伪中有重要作用。

5．利用数字签名来完成最终协议

在信息时代，电子数据的收发使我们过去所依赖的个人特征都将被数字代替，数字签名的作用有两点：一是因为自己的签名难以否认，从而确定了文件已签署这一事实；二是因为签名不易仿冒，从而确定了文件是真的这一事实。

4.3　密码学的发展方向

密码学不仅包含编码与破译，而且包括安全管理、安全协议设计、散列函数等内容。不仅如此，随着密码学的进一步发展，涌现出了大量的新技术和新概念，如零知识证明技术、盲签名、量子密码技术、混沌密码等。

密码学还有许许多多的问题。当前，密码学发展面临着挑战和机遇。计算机网络通信技术的发展和信息时代的到来，给密码学提供了前所未有的发展机遇。在密码理论、密码技术、密码保障、密码管理等方面发挥创造性思维，去开辟密码学发展的新纪元才是我们的追求。

在实际应用中不仅需要算法本身在数学证明上是安全的，同时也需要算法在实际应用中也是安全的。因此，在密码分析和攻击手段不断进步，计算机运算速度不断提高以及密码应

用需求不断增长的情况下，迫切需要发展密码理论和创新密码算法。在最近的研究中，对密码学的发展提出了更多的新技术与新的研究方向。

1. 在线/离线密码学

公钥密码学能够使通信双方在不安全的信道上安全地交换信息。在过去的几年里，公钥密码学已经极大地加速了网络的应用。然而，和对称密码系统不同，非对称密码的执行效率不能很好地满足速度的需要。因此，如何改进效率成为公钥密码学中一个关键的问题之一。

针对效率问题，在线/离线的概念被提出。其主要观点是将一个密码体制分成两个阶段：在线执行阶段和离线执行阶段。在离线执行阶段，一些耗时较多的计算可以预先被执行。在在线阶段，执行一些低计算量的工作。

2. 圆锥曲线密码学

圆锥曲线密码学是 1998 年由曹珍富首次提出的。C.Schnorr 认为，除椭圆曲线密码以外这是人们最感兴趣的密码算法。在圆锥曲线群上的各项计算比椭圆曲线群上的更简单，一个令人激动的特征是在其上的编码和解码都很容易被执行。同时，还可以建立模 n 的圆锥曲线群，构造等价于大整数分解的密码。现在已经知道，圆锥曲线群上的离散对数问题在圆锥曲线的阶和椭圆曲线的阶相同的情况下，是一个不比椭圆曲线容易的问题。所以，圆锥曲线密码已成为密码学中的一个重要的研究内容。

3. 代理密码学

代理密码学包括代理签名和代理密码系统。两者都提供代理功能，另外分别提供代理签名和代理解密功能。

目前，代理密码学的两个重要问题亟须解决：一个是构造不用转换的代理密码系统，另一个是如何构造代理密码系统的较为合理的可证安全模型，以及给出系统安全性的证明。已经有一些研究者在这方面展开工作。

4. 密钥托管问题

在现代保密通信中，存在两个矛盾的要求：一个是用户间要进行保密通信，另一个是政府为了抵制网络犯罪和保护国家安全，要对用户的通信进行监督。密钥托管系统就是为了满足这种需要而被提出的。在原始的密钥托管系统中，用户通信的密钥将由一个主要的密钥托管代理来管理，当得到合法的授权时，托管代理可以将其交给政府的监听机构。但这种做法显然产生了新的问题：政府的监听机构得到密钥以后，可以随意地监听用户的通信，即产生所谓的"一次监控，永远监控"问题。另外，这种托管系统中"用户的密钥完全地依赖于可信任的托管机构"的做法也不可取，因为托管机构今天是可信任的，不表示明天也是可信任的。

在密钥托管系统中，法律强制访问域（Law Enforcement Access Field，LEAF）是被通信加密和存储的额外信息块，用来保证合法的政府实体或被授权的第三方获得通信的明文消息。对于一个典型的密钥托管系统来说，LEAF 可以通过获得通信的解密密钥来构造。为了更趋于合理，可以将密钥分成一些密钥碎片，用不同的密钥托管代理的公钥加密密钥碎片，然后再将加密的密钥碎片通过门限化的方法合成，以此来解决"一次监控，永远监控"和"用户的密钥完全地依赖于可信任的托管机构"的问题。现在对这一问题的研究产生了构造网上信息安全形式问题，通过建立可证安全信息形式模型来界定一般的网上信息形式。

5. 基于身份的密码学

基于身份的密码学是由 Shamir 于 1984 年提出的。其主要观点是，系统中不需要证书，可以使用用户的标识如姓名、IP 地址、电子邮件地址等作为公钥。用户的私钥通过一个被称作私钥生成器（Private Key Generator，PKG）的可信任第三方进行计算得到。基于身份的数字签名方案在 1984 年 Shamir 就已得到。然而，直到 2001 年，Boneh 等人利用椭圆曲线的双线性对才得到 Shamir 意义上的基于身份的加密体制。在此之前，一个基于身份的更加传统的加密方案曾被 Cocks 提出，但效率极低。目前，基于身份的方案包括基于身份的加密体制、可鉴别身份的加密和签密体制、签名体制、密钥协商体制、鉴别体制、门限密码体制、层次密码体制等。

6. 多方密钥协商问题

密钥协商问题是密码学中又一基本问题。

Diffie-Hellman 协议是一个众所周知的在不安全的信道上通过交换消息来建立会话密钥的协议。它的安全性基于 Diffie-Hellman 离散对数问题。然而，Diffie-Hellman 协议的主要问题是它不能抵抗中间人攻击，因为它不能提供用户身份验证。

当前已有的密钥协商协议包括双方密钥协商协议、双方非交互式的静态密钥协商协议、双方一轮密钥协商协议、双方可验证身份的密钥协商协议以及三方相对应类型的协议。

如何设计多方密钥协商协议？存在多元线性函数（双线性对的推广）吗？如果存在，我们能够构造基于多元线性函数的一轮多方密钥协商协议。而且，这种函数如果存在，一定会有更多的密码学应用。然而，直到现在，在密码学中，这个问题还远远没有得到解决。目前已经有人开始做相关的研究，并且给出了一些相关的应用以及建立这种函数的方向，给出了这种函数肯定存在的原因。

7. 可证安全性密码学

当前，在现有公钥密码学中，有两种被广泛接受的安全性的定义，即语义安全性和非延展安全性。语义安全性也称作不可区分安全性，由 Goldwasser 和 Micali 在 1984 年首先提出，是指在给定的密文中，攻击者没有能力得到关于明文的任何信息。非延展安全性是由 Dolev、Dwork 和 Naor 在 1991 年提出的，指攻击者不能从给定的密文中，建立和密文所对应的与明文意义相关的明文的密文。在大多数令人感兴趣的研究问题上，不可区分安全性和非延展安全性是等价的。

对于公钥加密和数字签名等方案，可以建立相应的安全模型。在相应的安全模型下，定义各种所需的安全特性。对于模型的安全性，目前可用的最好的证明方法是随机预言模型（Random Oracle Model，ROM）。在最近几年里，可证明安全性作为一个热点被广泛地研究，就像其名字所言，它可以证明密码算法设计的有效性。现在，所有标准算法，如果它们能被一些可证明安全性的参数形式支持，就被人们广泛地接受。就如我们所知道的，一个安全的密码算法最终要依赖于 NP（Nondeterministic Polynomially，非确定性多项式）问题，真正的安全性证明还远远不能达到。然而，各种安全模型和假设能够让我们来解释所提出的新方案的安全性，按照相关的数学结果，确认基本的设计是没有错误的。

随机预言模型是由 Bellare 和 Rogaway 于 1993 年基于 Fiat 和 Shamir 的建议而提出的，它是一种非标准化的计算模型。在这个模型中，任何具体的对象例如哈希函数，都被当作随机对象。它允许人们规约参数到相应的计算，哈希函数被作为一个预言返回值，对每一个新的查询，将得到一个随机的应答。规约使用一个对手作为一个程序的子例程，但是，这个子例程又和数学假设相矛盾，例如 RSA 是单向算法的假设。概率理论和技术在随机预言模型中被广泛使用。

然而，随机预言模型证明的有效性是有争议的。因为哈希函数是确定的，不能总是返回随机的应答。1998 年，Canetti 等人给出了一个在 ROM 模型下证明是安全的数字签名体制，但在一个随机预言模型的实例下，它是不安全的。

尽管如此，随机预言模型对于分析许多加密和数字签名方案还是很有用的。在一定程度上，它能够保证一个方案是没有缺陷的。

但是，如果没有 ROM，可证明安全性的问题就存在质疑，而它是一个不可忽视的问题。直到现在，这方面的研究还不够深入。

4.4　新的密码学理论

4.4.1　量子密码学

量子密码体系采用量子态作为信息载体，经由量子通道在合法的用户之间传送密钥。量子密码的安全性由量子力学原理所保证。所谓绝对安全性，是指即使窃听者可能拥有极高的智商、可能采用最高明的窃听措施、可能使用最先进的测量手段，密钥的传送仍然是安全的。通常，窃听者采用截获密钥的方法有两种。第一种方法是对携带信息的量子态进行测量，通过其测量的结果来提取密钥的信息。但是，量子力学的基本原理告诉我们，对量子态的测量会引起波函数塌缩，本质上改变量子态的性质，发送者和接受者通过信息校验就会发现他们的通信被窃听，因为这种窃听方式必然会留下具有明显量子测量特征的痕迹，合法用户之间便会因此终止正在进行的通信。第二种方法则是避开直接的量子测量，采用具有复制功能的装置，先截获和复制传送信息的量子态。然后，窃听者再将原来的量子态传送给要接受密钥的合法用户，留下复制的量子态供窃听者测量分析，以窃取信息。这样，窃听原则上不会留下任何痕迹。但是，由量子相干性决定的量子不可克隆定理告诉我们，任何物理上允许的量子复制装置都不可能克隆出与输入态完全一样的量子态来。这一重要的量子物理效应，确保了窃听者不会完整地复制出传送信息的量子态。因而，第二种窃听方法也无法成功。量子密码术原则上提供了不可破译、不可窃听和大容量的保密通信体系。

4.4.2　混沌密码学

混沌是确定性系统中的一种貌似随机的运动。混沌系统都具有如下基本特性：确定性、有界性、对初始条件的敏感性、拓扑传递性和混合性、宽带性、快速衰减的自相关性、长期不可预测性和伪随机性。混沌系统所具有的这些基本特性恰好能够满足保密通信及密码学的基本要求：混沌动力学方程的确定性保证了通信双方在收发过程或加解密过程中的可靠性；混沌轨道的发散特性及对初始条件的敏感性正好满足香农提出的密码系统设计的第一个基本原则——扩散原则；混沌吸引子的拓扑传递性与混合性，以及对系统参数的敏感性正好满足香农提出的密码系统设计的第二个基本原则——混淆原则；混沌输出信号的宽带功率谱和快速衰减的自相关特性是对抗频谱分析和相关分析的有力保障，而混沌行为的长期不可预测性是混沌保密通信安全性的根本保障等。因此，自 1989 年 R.Mathews、D.Wheeler、L.M.Pecora 和 Carroll 等人首次把混沌理论使用到序列密码及保密通信理论以来，数字化混沌密码系统和基于混沌同步的保密通信系统的研究已引起了相关学者的高度关注。虽然这些年的研究取得了许多可喜的进展，但仍存在一些重要的基本问题尚待解决。

4.4.3　DNA 密码

DNA 密码是近年来伴随着 DNA 计算的研究而出现的密码学新领域，其特点是以 DNA 为信息载体，以现代生物技术为实现工具，挖掘 DNA 固有的高存储密度和高并行性等优点，实现加密、认证及签名等密码学功能。DNA 密码与传统的密码以及研制中的量子密码相比各有优势，在未来的应用中可以互相补充。实现 DNA 密码面临的主要困难是缺乏有效的安全理论依据和简便的实现方法。

练习题

一、单项选择题

1．通常使用下列哪种方法来实现抗抵赖性？（　　　）

A．加密　　　　　　　　　　　　　　B．数字签名

C. 时间戳   D. 数字指纹

2. AES 的密钥长度不可能是（   ）比特。

A. 192   B. 56

C. 128   D. 256

3. 在密码学中，需要被变换的原消息被称为（   ）。

A. 密文   B. 加密算法

C. 密码   D. 明文

4. RSA 使用不方便的最大问题是（   ）。

A. 产生密钥需要强大的计算能力   B. 算法中需要大数

C. 算法中需要素数   D. 被攻击过许多次

二、多项选择题

1. 密码学是研究秘密通信的原理和破译密码的方法的一门科学，密码学包含两个相互对立的分支是（   ）。

A. 对称密码   B. 非对称密码

C. 散列函数   D. 密码分析学

E. 密码编码学

2. 加密技术能提供以下哪种安全服务？（   ）

A. 鉴别   B. 机密性

C. 完整性   D. 可用性

3. 混乱和扩散是密码设计的一般原则，所以在很多密码设计中，都采用了代换和置换等变化来达到混乱和扩散的效果，下列哪些密码体制中，采用了置换的处理思想？（   ）

A. RSA   B. CAESAR

C. AES   D. DES

4. 下列对 RSA 的描述中错误的是（   ）。

A. RSA 是秘密密钥算法和对称密钥算法

B. RSA 是非对称密钥算法和公钥算法

C. RSA 是秘密密钥算法和非对称密钥算法

D. RSA 是公钥算法和对称密钥算法

5. 下列那一项是一个公共密钥基础设施 PKI 的正常部件？（   ）

A. CA 中心   B. 证书库

C. 证书作废管理系统   D. 对称加密密钥管理

三、操作题

1. 如何破解台式计算机的开机密码？

2. 找一台华硕主板的兼容机，如何使用 U 盘启动计算机？

3. 找一台联想笔记本电脑，如何使用 U 盘启动计算机？

本章实训

实训一 Windows 10 系统设置管理文件加密证书

一、实训目标

通过实训操作练习，需要掌握如下技能：

（1）了解网络中所有信息都是以文件的形式存在，对文件的保护最简单的方式是文件加密。

（2）掌握 Windows 操作系统中的文件加密方法。

（3）掌握加密文件的使用方法。

二、使用平台

一套完整的计算机（软件和硬件），U 盘。

三、证书生成

Windows 10 系统自带了加密文件系统（EFS），用户可以使用它在硬盘上以加密格式存储信息。这项加密工作能够有效防止他人窥探自己的文件，从而确保文件的安全。具体方法如下：

（1）右键点击系统桌面左下角的"开始"，在"开始"菜单中点击"控制面板"，打开"控制面板"窗口，如图 4-2 所示。

图 4-2 控制面板

（2）在"控制面板"窗口中，点击"查看方式 – 类别栏"的小三角，在下拉菜单中选择"小图标（S）"，打开"所有控制面板项"窗口，如图 4-3 所示。

图 4-3 打开"所有控制面板项"窗口

（3）在"所有控制面板项"窗口中，左键双击"用户账户"，打开"用户账户"窗口，如图 4-4 所示。

图 4-4 "用户账户"窗口

（4）在"用户账户"窗口，点击窗口左侧的"管理文件加密证书"，打开"加密文件系统"窗口，如图 4-5 所示。

图 4-5　打开"加密文件系统"窗口

（5）在"加密文件系统"窗口中，先阅读显示的有关内容，再点击"下一步"，如图 4-6 所示。

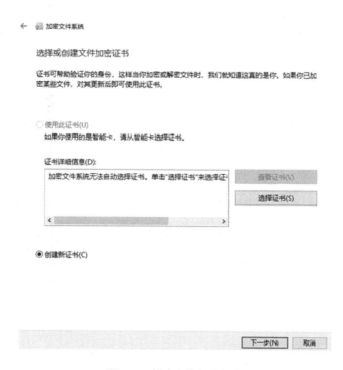

图 4-6　创建文件加密证书

（6）现在打开的是"加密文件系统－选择或创建文件加密证书"窗口，在"证书详细信息"栏中提示："你的计算机当前没有文件加密证书，请创建一个新证书…"，默认创建新证书，点击"下一步"，如图 4-7 所示。

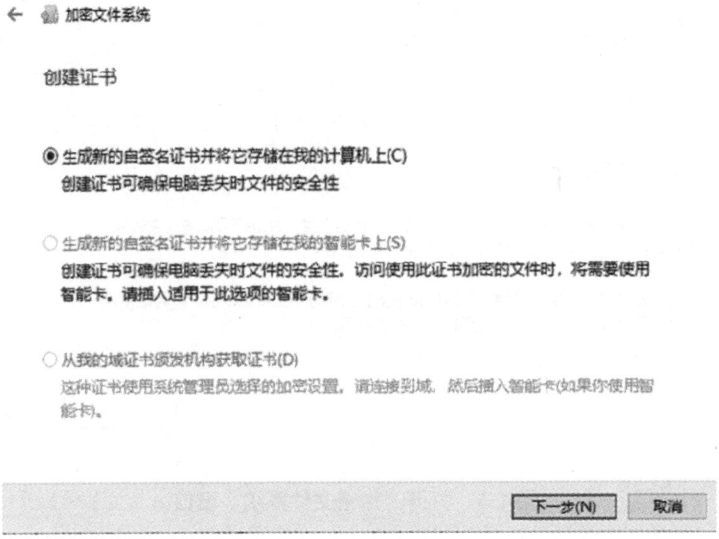

图 4-7　创建证书

（7）在"加密文件系统－创建证书"窗口，默认生成新的自签名证书并将它储存在计算机上，点击"下一步"，打开"加密文件系统－备份证书和密钥"窗口，如图 4-8 所示。

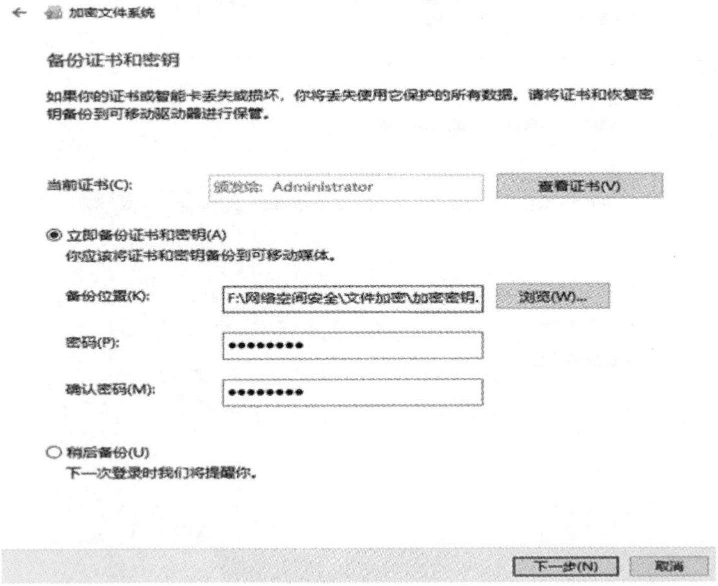

图 4-8　保存证书

（8）在"加密文件系统－备份证书和密钥"窗口中，输入备份位置和密码，再点击"下一步"，如图 4-9 所示。

图 4-9　更新以前加密的文件

（9）保存以后，打开"加密文件系统－备份证书和密钥"窗口，显示已经备份了证书和密钥，如图 4-10 所示。

图 4-10　已备份证书和密钥

（10）点击"查看证书"，如图 4-11 所示。

图 4-11　查看证书

四、文件加密

（1）选择一个需要加密的文件，打开该文件属性窗口，如图 4-12 所示。

图 4-12　查看文件属性

（2）点击"高级"，选择"加密内容以便保护数据"选项，点击"确定"完成，如图 4-13 所示。

图 4-13　加密文件内容

五、加密文件使用

（1）经过加密的文件在本机使用时不会出现任何问题，但在其他计算机上使用时，如果没有安装密钥，该文件是无法使用的，计算机直接拒绝访问，如图 4-14 所示。

图 4-14　拒绝访问

（2）在其他计算机上导入证书。

选择并运行密钥文件，如图 4-15 所示。

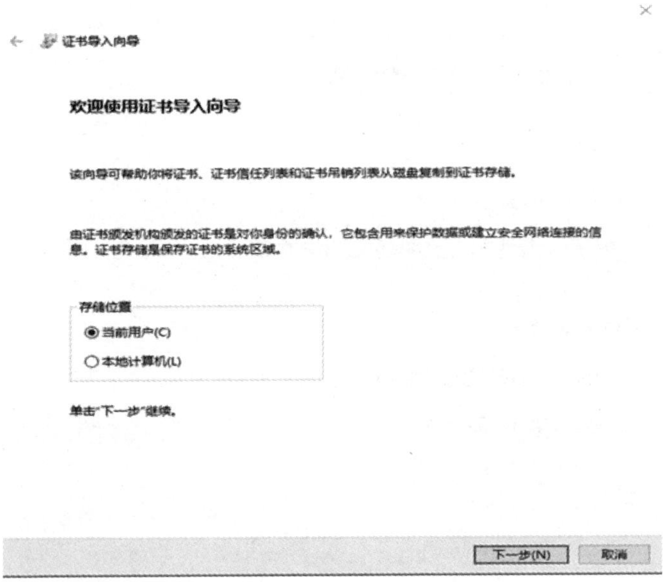

图 4-15　证书导入向导－选择存储位置

（3）选择"当前用户"，点击"下一步"，如图 4-16 所示。

图 4-16　证书导入向导－选择导入文件

（4）选择密钥文件，点击"下一步"，如图 4-17 所示。

图 4-17　证书导入向导－私钥保护

（5）输入正确的密码，点击"下一步"，如图 4-18 所示。

图 4-18　证书导入向导－选择证书存储位置

（6）选择"根据证书类型，自动选择证书存储"项，点击"下一步"，如图 4-19 所示。

图 4-19　证书导入向导－完成导入

（7）点击"完成"，出现"导入成功"对话框，如图 4-20 所示，证书导入完成，加密文件可以正常使用。

图 4-20　"导入成功"对话框

实训二　Windows 10 系统用户加密与破解密码实训

为了避免办公电脑被他人误操作或基于保护数据的需要，一般需要对计算机用户特别的管理员用户（Administrator）进行加密。由于现实中需要密码才能完成操作的事情太多，比如，银行卡密码（好多张卡）、网上注册用户密码（不同网站有不同的用户，也可以有不同的密码）、手机开机密码、移动支付密码、各种 App 密码等，如果都设置成不同的密码，有的密码就可能忘记。手机上的各种 App，现在个人注册一般都是使用手机号注册，如果忘记密码可使用指纹、人脸识别、短信验证等方式完成登录使用。但计算机用户如果忘记密码，就不能像手机那样操作了，一般只能使用破解的方式来完成。

一、实训目标

通过实训操作练习，掌握以下技能：
（1）学会 Windows 操作系统管理员用户加密方法。
（2）掌握 U 盘启动制作方法，并通过计算机 BIOS 设置使用 U 盘启动。
（3）掌握清除 Windows 操作系统管理员用户密码的方法。

二、操作平台

一套完整的计算机（软件和硬件）。

三、实训步骤

（一）Windows 10 系统管理员用户（Administrator）加密

方法一（管理员用户密码设置与修改）
（1）在桌面同时按下 Alt+Ctrl+Del 键，出现如图 4-21 所示窗口，点击"更改密码"，出现如图 4-22 所示窗口。

图 4-21　安全窗口　　　　　图 4-22　"更改密码"页面

（2）如果计算机没有设置密码，可以直接输入新密码和确认密码（注：新密码和确认密码必须一致，否则设置不成功）；如果设置过密码，则还需要在旧密码栏输入原先设置的密码。完成输入后点击"→"键，出现如图 4-23 所示页面，密码设置完成。

图 4-23　密码已更改

方法二（针对 Windows 系统所有用户的密码设置方法）

（1）右键单击"此电脑→管理"，弹出如图 4-24 所示窗口。

图 4-24　"计算机管理"窗口

（2）双击"用户和组"，单击"用户"，选择"Administrator"（管理员用户），如图 4-25 所示。

图 4-25　选择"Administrator"

（3）单击"操作→设置密码"，如图 4-26 所示对话框。

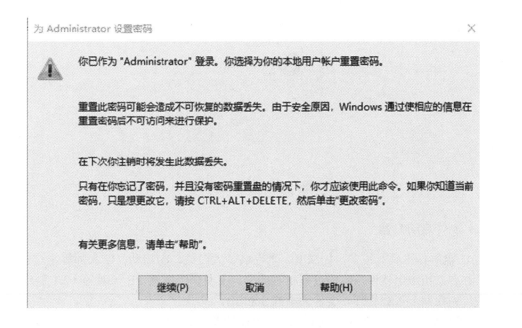

图 4-26　重置密码对话框

（4）单击"继续"，弹出如图 4-27 所示对话框。

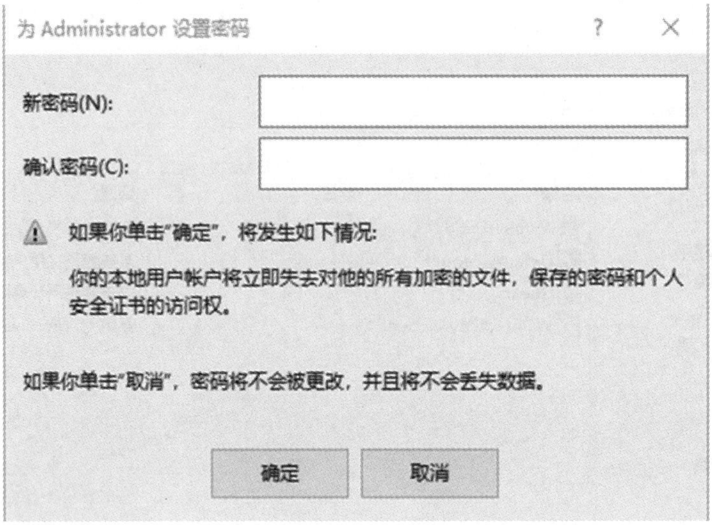

图 4-27　设置密码对话框

（5）输入新密码和确认密码（注：新密码和确认密码必须一致，否则设置不成功），输入后单击"确定"，弹出如图 4-28 所示对话框，密码设置成功。

图 4-28　密码设置成功

（二）制作启动 U 盘

启动 U 盘制作工具有很多，如深度、老毛桃、大白菜、U 启动、U 大师等，这些工具软件集成了许多常用应用软件，制作过程相对简单。下面介绍用微 PE 工具箱 v2.1 制作启动 U 盘的方法。先在网上下载软件，文件大小约 300MB。

（1）下载后可以直接在计算机上运行，界面如图 4-29 所示。

图 4-29　微 PE 工具箱

（2）将 U 盘插入计算机 USB 接口，点击"安装 PE 到 U 盘"按钮，弹出如图 4-30 所示窗口。

图 4-30　安装 PE 到 U 盘

安装方法有七种可选，选择系统推荐的即可，格式化建议选用 NTFS，如果选择其他格式的系统文件，当单个文件大于 2GB 时，就无法复制到 U 盘，其他选项采用默认值即可。

（3）点击"立即安装进 U 盘"，启动 U 盘制作进程，U 盘里原有的所有信息将全部被清除，在安装前系统会提示确认，如图 4-31 所示。

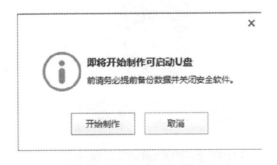

图 4-31　安装提示框

（4）点击"开始制作"，弹出如图 4-32 所示页面，可以看到制作进度。

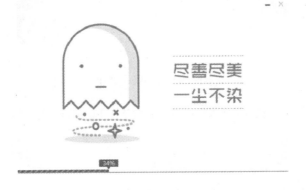

图 4-32　制作进度

（5）当 U 盘制作完成时会弹出如图 4-33 所示对话框，同时在系统桌面上显示两个逻辑存储驱动器，如图 4-34 所示。

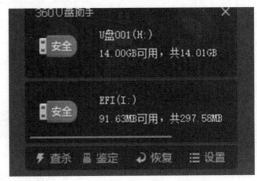

图 4-33　U 盘制作完成　　　　　　**图 4-34　系统桌面显示**

（三）Windows 10 系统登录密码破解

（1）通过设置 BIOS，可操作计算机从 U 盘启动。不同品牌的计算机进入 BIOS 设置的方法有所不同，大部分计算机冷启动直接按 Delete 键就可以进入 BIOS 界面，或者按功能键 F1、F2、ESC 键进入 BIOS 界面，具体机型可查阅相关资料。下面以七彩虹主板为例介绍设置 BIOS 的方法。将启动 U 盘插入计算机 USB 接口，打开计算机电源，点按 Delete 键，进入 BIOS 界面，使用方向键选择"Startup"项，如图 4-35 所示。

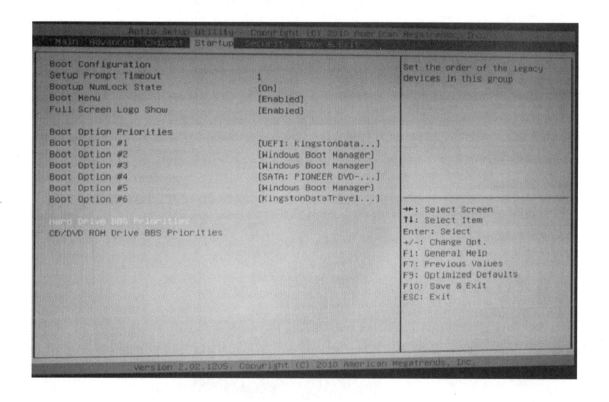

图 4-35　BIOS 界面

（2）选择"Hard Drive BBS Priorities"项并按回车键确认，选择"Boot Option #1"（第一个启动选项）后按回车键，选择 U 盘作为第一启动选择，如图 4-36 所示。.

（3）按 Esc 键，退回上一级界面，按功能键 F10 保存修改数据，弹出如图 4-37 所示对话框，默认选择"Yes"，按回车键确认后重启计算机。计算机从 U 盘启动进入微 PE。

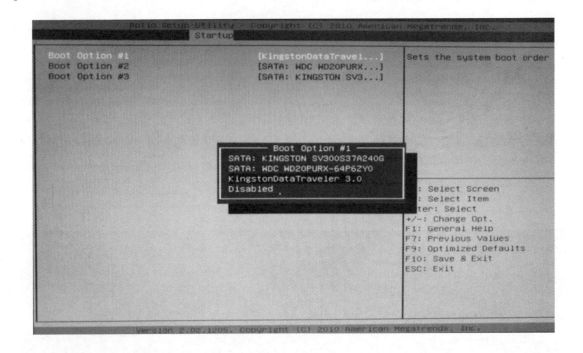

图 4-36　设置第一启动选择

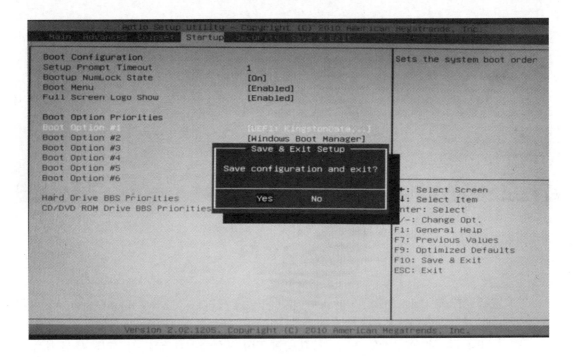

图 4-37　保存修改

（4）计算机从 U 盘启动进入微 PE 界面，如图 4-38 所示。

图 4-38 微 PE 界面

（5）运行 Windows 密码修改程序，进入密码修改界面，如图 4-39 所示。

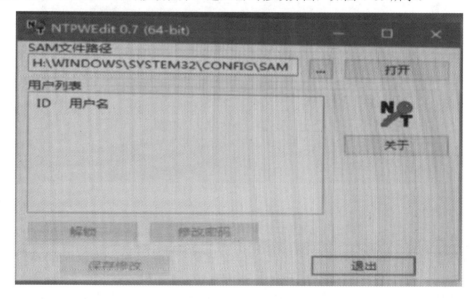

图 4-39 密码修改界面

（6）单击"打开"，打开 SAM 文件，如图 4-40 所示。

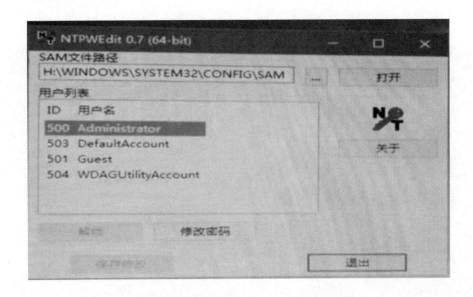

图 4-40 打开 SAM 文件

（7）选择"Administrator"，单击"修改密码"，出现如图 4-41 所示对话框。

图 4-41 修改密码

在图 4-41 所示界面中，如果需要清除原有的密码，在"新密码"和"密码确认"栏不需要输入任何字符，直接单击"确认"即可，原有的密码被清除。如需要给 Windows 系统重新添加登录密码，在"新密码"和"密码确认"栏输入相同的字符串即可，为加强计算机数据安全，密码设置至少使用三种不同的字符，如英文大写、小写及一些特殊符号等。

（8）单击"确认"后退出密码修改程序，重启计算机，验证密码是否更改成功。如果修改密码成功，Windows 系统登录密码破解就完成了。

第5章 大数据安全

学习本章，应掌握以下知识：

（1）了解大数据安全的定义及其面临的挑战；

（2）了解大数据安全措施的实施方式；

（3）掌握大数据安全保障技术。

大数据是信息技术发展到一定阶段的必然产物，是一个包含多种技术的概念，在狭义上可以定义为利用现有的一般技术难以管理的大量数据的集合。

大数据具有如下特征。

（1）数量（Volume）：数据的大小决定了所考虑的数据的价值和潜在的信息。

（2）种类（Variety）：数据类型的多样性。

（3）速度（Velocity）：获得数据的速度。

（4）真实性（Veracity）：数据的质量。

（5）价值（Value）：合理运用大数据，以低成本创造高价值。

大数据的关键技术：大数据采集技术、大数据预处理技术、大数据存储及管理技术、大数据分析及挖掘技术、大数据展现和应用技术。

大数据应用从总体上可分为商业大数据应用（以营利为目的），以及侧重于为社会公众提供服务的大数据应用。大数据主要应用于电商、金融、医疗、农牧渔、生物技术、智慧城市、电信以及社交媒体等行业。

大数据被誉为"21 世纪的钻石矿"，是国家基础性战略资源，正日益对国家治理能力、经济运行机制、社会生产方式以及各领域的生产流通、分配、消费活动产生重要影响，各国政府都在积极推动大数据的应用与发展。

大数据时代是机遇与挑战并存的时代。在大数据的应用和推广过程中必须坚持安全与发展并重的方针，为大数据的发展构建安全保障体系，在充分发挥大数据价值的同时解决数据安全和个人信息保护问题。大数据安全标准是大数据安全保障体系的重要组成部分，对大数据应用的实施起到引领和指导作用。

我国高度重视大数据安全及其标准化工作，并将其作为国家发展战略予以推动。2015 年8 月，国务院印发《促进大数据发展行动纲要》，要求"完善法规制度和标准体系"和"推进大数据产业标准体系建设"。2016 年 11 月，第十二届全国人民代表大会常务委员会通过了《中华人民共和国网络安全法》，鼓励开发网络数据安全保护和利用技术。2016 年 12 月，国家互联网信息办公室发布《国家网络空间安全战略》，在夯实网络安全基础的战略任务中提出实施国家大数据战略，建立大数据安全管理制度，支持大数据信息技术创新和应用要求。全国人大常委会、工业和信息化部、公安部等部门为加快构建大数据安全保障体系，相继出台了《加强网络信息保护的决定》《电信和互联网用户个人信息保护规定》等法规和制度。与此同时，我国还发布了国家和行业的网络个人信息保护相关标准，开展了以数据安全为重点的网络安全防护检查。

为推进大数据安全标准化工作，全国信息安全标准化技术委员会下设的大数据安全标准特别工作组在 2017 年 4 月发布了《大数据安全标准化白皮书（2017）》，2020 年 9 月已更新发布了《大数据标准化白皮书（2020 版）》。该白皮书重点介绍了国内外的大数据安全法规政策和标准化现状，重点分析了大数据安全所面临的安全风险和挑战，给出了大数据安全标准化体系框架，规划了大数据安全标准工作重点，提出了开展大数据安全标准化工作的建议。

5.1 大数据安全的定义和面临的挑战

5.1.1 大数据安全的定义

大数据安全不仅指大数据质量的安全问题，而且包括大数据整个处理过程的方方面面的安全。首先是安全标准的规范化和法律法规，然后是数据从采集到存储和使用上的安全，包括基础设施的安全、技术的安全、方法的安全。这些都是大数据安全研究的范围。

5.1.2 大数据安全面临的挑战

大数据安全的风险伴随着大数据技术的诞生与发展而生。随着互联网、大数据应用的持续发展，数据丢失和个人信息泄露事件频发，地下数据交易造成了数据滥用和网络诈骗，可能引发恶性社会事件，甚至危害国家安全。例如，2015 年 5 月，美国国税局宣布其系统遭受攻击，约 7 万人的纳税记录被泄露，同时约 39 万个纳税人账户被冒名访问；2016 年 12 月，Yahoo 公司宣布其超过 10 亿个用户账号已被黑客窃取，泄露的相关信息包括姓名、邮箱口令、生日、邮箱密保问题及答案等内容；2016 年至今，全球范围内数以万计的 Mongo DB 系统都遭到过攻击，大量系统被黑客攻击。通过对当前典型大数据应用场景以及大数据产业发展现状进行调研分析，《大数据安全标准化白皮书》从技术平台和数据应用两个角度讨论了当前大数据发展所面临的安全挑战。

1. 技术平台角度

随着大数据的飞速发展，各种大数据技术层出不穷，新的技术架构、支撑平台和大数据软件不断涌现，使得大数据安全面临着新的挑战。

1）传统安全措施难以适配

大数据的海量、多源、异构、动态性等特征导致它与传统封闭环境下的数据应用安全环境有所区别。大数据应用一般采用底层复杂、开放的分布式计算和存储架构来提供海量数据的分布式存储和高效计算服务，这些新的技术和架构使得大数据应用的网络边界变得模糊，传统的基于边界的安全保护措施已不再有效。同时，新形势下的高级持续性威胁（APT）、分布式拒绝服务攻击（DDoS）、基于机器学习的数据挖掘和隐私发现等新型攻击手段的出现也使得传统的防御、检测等安全控制措施暴露出了严重不足。

2）平台安全机制亟待改进

现有的大数据应用多采用通用的大数据管理平台和技术，如基于 Hadoop 生态架构的 HBase/Hive、Casandra/Spark、Mongo DB 等。这些平台和技术在设计之初大部分考虑的是在可信的内部网络中使用，对大数据应用用户的身份鉴别、授权访问、密钥服务以及安全审计等方面考虑得较少。即使有些软件做了改进，如增加了 Kerberos 身份鉴别机制，但其整体安全保障能力仍然比较薄弱。同时，大数据应用中多采用第三方开源组件，这些组件缺乏严格的测试管理和安全认证，使得大数据应用对软件漏洞和恶意后门的防范能力不足。

3）应用访问控制愈加复杂

由于大数据数据类型复杂、应用范围广泛，所以它通常为来自不同组织或部门、不同身份与目的的用户提供服务。一般地，访问控制是实现数据受控访问的有效手段。但是，由于大数据应用场中存在大量未知的用户和数据，所以预先设置角色及其权限是十分困难的。即使可以事先对用户权限进行分类，但由于用户角色众多，难以精细化和细粒度地控制每个角色的实际权限，从而导致无法准确地为每个用户指定其可以访问的数据范围。

2. 数据应用角度

大数据的一个显著特点是其数据体量庞大，而其中又蕴含着巨大的价值。数据安全保障是大数据应用和发展中必须应对的重大挑战。

1）数据安全保护难度加大

大数据拥有巨大的数据，因此更容易成为网络攻击的显著目标。在开放的网络化社会，蕴含着海量数据和潜在价值的大数据更受黑客的青睐，近年来也时常爆出邮箱账号、社保信息、银行卡号等数据大量被窃的安全事件。分布式的系统部署、开放的网络环境、复杂的数据应用和众多的用户访问都使得大数据在保密性、完整性、可用性等方面面临着更大的挑战。

2）个人信息泄露风险加剧

由于大数据系统中普遍存在大量的个人信息，在发生数据滥用、内部偷窃、网络攻击等安全事件时，个人信息泄露产生的后果远比一般信息泄露严重。此外，大数据的优势本来在于从大量数据的分析和利用中产生价值，但在对大数据中多源数据进行综合分析时，分析人员更容易通过关联关系挖掘出更多的个人信息，从而进一步加剧个人信息泄露的风险。

3）数据真实性更加难以保证

大数据系统中的数据来源广泛，可能来源于各种传感器、主动上传者以及公开网站。除了可信的数据来源外，还存在大量不可信的数据来源，甚至有些攻击者会故意伪造数据，企图修改数据分析结果。因此，对数据进行真实性确认、来源验证等非常重要。然而，由于采集终端的性能限制、技术不足、信息量有限、来源种类繁杂等原因，对所有数据都进行真实性验证存在很大的难度。

4）数据所有者权益难以保障

大数据应用过程中，数据会被多种角色的用户所接触，数据会从一个控制者流向另外一个控制者，甚至会在某些应用阶段产生新的数据。因此，在大数据的共享交换和交易流通过程中会出现数据拥有者与管理者不同、数据所有权和使用权分离的情况，即数据会脱离数据所有者的控制而存在，从而带来数据滥用、权属不明确、安全监管责任不清晰等安全风险，这将严重损害数据所有者的权益。

5.2 安全措施的实施

随着各国对大数据安全重要性认识的不断加深，包括美国、英国、澳大利亚、欧盟和我国在内的很多国家和组织都制定了与大数据安全相关的法律法规和政策，旨在推动大数据的应用和安全保护，在政府数据开放、数据跨境流通和个人信息保护等方向进行了探索与实践。

5.2.1 国外数据安全的法律法规

1．政府数据开放相关法规和政策

政府数据开放是指在确保国家安全的前提下，政府向公众开放财政、资源、人口等公共数据信息，以增强公众参与社会管理的意愿和能力，进而提升政府的治理水平。美国将信息技术、数字战略、信息管理与政府开放治理有机结合，以数据开放作为新时期政府治理改革的突破口。例如，美国于 2009 年发布了《开放政府指令》，2016 年出台了《联邦大数据研究和开发战略计划》等，还有英国政府在 2013 年 4 月发布的《开放政府伙伴 2013—2015 英国国家行动方案》等。

2．数据跨境流动相关法规和政策

当前，部分国家和地区在规范跨境转移个人数据的法律法规，并对跨境数据接收地的法律环境提出要求，要求接收地的法律能够提供与本国、本地区的个人数据保护法律相当的保护。规范个人数据跨境转移的根本目的不是禁止个人数据跨境转移，而是要根据实际情况确保本国、本地区公民的数据在境外受到合理保护。总体上，其基本立场是孤立数据跨境自由流动。具体与数据跨境流动相关的政策及法规有欧盟在 2016 年通过的《通用数据保护条例》、亚太经合组织（APEC）于 2003 年发布的《APEC 隐私保护框架》等。

3．个人数据保护相关法规和政策

为了保护公民的个人数据隐私权限，各国也出台了法律以保障公民数据隐私，并对各机构在处理公民隐私数据时规定了流程和报告机制，如之前提到的欧盟颁布的《通用数据保护条例》以及美国的《网络安全信息共享法》等。

5.2.2　我国数据安全的法律法规

我国在积极推动大数据产业发展的过程中非常关注大数据安全问题，近几年发布了一系列与大数据产业发展和安全保护相关的法律法规和政策。

2012 年 12 月，针对数据应用过程中的个人信息保护问题，第十一届全国人民代表大会常务委员会第三十次会议通过了《全国人民代表大会常务委员会关于加强网络信息保护的决定》，该决定要求，国家能够识别公民个人身份和涉及公民个人隐私的电子信息，网络服务提供者和其他企事业单位应当采取技术措施和其他必要措施确保信息安全，防止在业务活动中收集的公民个人电子信息遭到泄露、损毁、丢失。在发生或者可能发生信息泄露、损毁、丢失的情况时，应当立即采取补救措施。

2013 年，工信部公布了《电信和互联网用户个人信息保护规定》并于同年 9 月开始施行，该规定是对《全国人民代表大会常务委员会关于加强网络信息保护的决定》的贯彻落实，进一步明确了电信业务经营者、互联网信息服务提供者收集和使用用户个人信息的规则和信息安全保障措施的要求。2014 年 3 月，我国的新版《消费者权益保护法》正式实施，该法明确了消费者享有个人信息依法得到保护的权利，同时要求经营者必须采取技术措施和其他必要措施确保个人信息安全，防止消费者个人信息遭到泄露、丢失。

2015 年 8 月，国务院印发《促进大数据发展行动纲要》（以下简称"行动纲要"），系统地部署了我国的大数据发展工作，并在政策机制部分中着重强调"建立标准规范体系，推进大数据产业标准体系建设，加快建立政府部门、事业单位等公共机构的数据标准和统计标准体系，推进数据采集、政府数据开放、指标口径、分类目录、交换接口、访问接口、数据质量、数据交易、技术产品、安全保密等关键共性标准的制定和实施，加快建立大数据市场交易标准体系；开展标准验证和应用试点示范，建立标准符合性评估体系，充分发挥标准在培育服务市场、提升服务能力、支撑行业管理等方面的作用；积极参与相关国际标准指定工作"。提出加快建设数据强国和释放数据红利，并加快政府数据开放共享，以提升治理能力。同时，行动纲要提出网络空间数据主权保护是国家安全的重要组成部分，要求"强化安全保障、提高管理水平，促进健康发展"，并探索完善的安全保密管理规范措施，切实保障数据安全。在大数据安全标准方面，行动纲要提出要进一步完善法规制度和标准体系，大力推进大数据产业标准体系建设。

2016 年 3 月，第十二届全国人民代表大会第四次会议批准通过了《中华人民共和国国民经济和社会发展第十三个五年规划纲要》（简称"'十三五'规划纲要"）。"十三五"规划纲要提出实施国家大数据战略，全面实施促进大数据发展行动，同时要强化信息安全保障。该规划纲要提出要加强数据资源安全保护，具体表现为建立大数据安全管理制度、实行数据资源分类分级管理和保障安全高效可信应用。

2016 年 11 月，全国人民代表大会常务委员会发布了《中华人民共和国网络安全法》（简称"网络安全法"）并于 2017 年 6 月 1 日开始实施。网络安全法定义网络数据为通过网络收集、存储、传输、处理和产生的各种电子数据，并鼓励开发网络数据安全保护和利用技术，促进公共数据资源开放，推动技术创新和经济社会发展。关于网络数据安全保障方面，网络安全法规定，要求网络经营者采取数据分类、重要数据备份和加密等措施，防止网络数据被窃取或者篡改，加强对公民个人信息的保护，防止公民个人信息被非法获取、泄露或者使用，要求关键信息基础设施的运营者在境内存储公民个人信息等重要数据，当网络数据确实需要跨境传输时，必须经过安全评估和审批。

2016 年 12 月，国家互联网信息办公室发布了《国家网络空间安全战略》，提出实施国家大数据战略，建立大数据安全管理制度，支持大数据、云计算等新一代信息技术的创新和应用，为保障国家网络安全夯实产业基础。围绕国家政策，我国各部委和相关行业也出台了一系列政策以推动大数据在各领域中的应用与发展。

2017 年 1 月，工信部发布了《大数据产业发展规划（2016－2020 年）》，作为未来五年大数据产业发展的行动纲领，该发展规划部署了 7 项重点任务，明确了 8 大重点工程，制定了 5 个方面的保障措施，全面部署了"十三五"时期大数据产业发展工作，为"十三五"时期我国大数据产业崛起，实现从数据大国向数据强国的转变指明了方向。

2017 年 5 月，国务院办公厅发布了《政务信息系统整合共享实施方案》，明确了加快推进政务信息系统整合共享的"十件大事"。

党的十九大报告中重点提到了互联网、大数据和人工智能在现代化经济体系中的作用："加快建设制造强国，加快发展先进制造业，推动互联网、大数据、人工智能和实体经济深度融合，在中高端消费、创新引领、绿色低碳、共享经济、现代供应链、人力资本服务等领域培育新增长点，形成新动能。"

5.2.3　主要标准化组织的大数据安全工作情况

目前，多个标准化组织正在开展与大数据和大数据安全相关的标准化工作，主要有国际标准化组织/国际电工委员会下的 ISO/IECJ TC1/WG9 大数据工作组（简称 WG9）、ISO/IEC JTC1/SC27（信息安全技术分委员会）、国际电信联盟电信标准化部门（ITU-T）、美国国家标准与技术研究院（NIST）等。国内正在开展与大数据和大数据安全相关标准化工作。标准化组织主要有全国信息技术标准化委员会（简称"全国信标委"）和全国信息安全标准化技术委员会（简称"信息安全标委会"）等。

1. ISO/IEC JTC1

1) ISO/IEC JTC1/SC27 信息安全技术分委员会

ISO/IEC JTC1/SC27 是 ISO 和 IEC 信息技术联合委员会（ISO/IEC JTC1）下属的信息安全技术分委员会，成立于 1990 年，其工作范围涵盖信息和 ICT（信息与通信技术）保护的标准开发，包括安全与隐私保护方面的方法、技术和指南。目前它下设 5 个工作组，分别为信息安全管理体系工作组（WG1）、密码技术与安全机制工作组（WG2）、安全评价、测试和规范工作组（WG3）、安全控制与服务工作组（WG4）和身份管理与隐私保护技术工作组

（WG5）。各工作组负责各自工作范围内的多项标准的开发，并根据需要设立相应的研究项目。其中，WG5 负责身份管理与隐私保护相关标准的研制和维护。WG5 结合其工作范围和重点开发了标准路线图，概括了 WG5 已有标准项目、新工作项目提案以及将来 WG5 可能涉及的标准化主题等内容。WG5 工作组负责制定的隐私保护方面的标准已发布的有 ISO/IEC29100:2011《信息技术 安全技术 隐私保护框架》、ISO/IEC 29101:2013《信息技 术 安全技术 隐私保护体系结构框架》、ISO/IEC 29190:2015《信息技术 安全技术 隐私保护能力评估模型》、ISO/IEC 29191:2012《信息技术 安全技术 部分匿名、部分不可链接鉴别要求》、ISO/IEC 27018:2014《信息技术 安全技术 可识别个人信息（PII）处理者在公有云中保护 PII 的实践指南》、ISO/IEC 29134:2017《信息技术 安全技术 隐私影响评估指南》和 ISO/IEC 29151:2017《信息技术 安全技术 可识别个人信息（PII）保护实践指南》。

2）ISO/IEC JTC1/SC32 数据管理和交换分技术委员会

ISO/IEC JTC1/SC32 数据管理和交换分技术委员会（简称 SC32）是与大数据关系最为密切的标准化组织。该组织持续致力于研制信息系统环境内部及之间的数据管理和交换标准，为跨行业领域协调数据管理能力提供技术支持，其标准化技术内容涵盖：协调现有和新生数据标准化领域的参考模型和框架；负责数据域定义、数据类型和交换数据的语言、服务和协议等标准；负责用于构造、组织和注册元数据及共享和互操作相关的其他信息资源的方法、语言服务和协议标准等。SC32 下设电子业务工作组（WG1）、元数据工作组（WG2）、数据库语言工作组（WG3）、多媒体和应用包工作组（WG4 SQL）。SC32 的工作研究成果有 2014年批准的国际标准《SQL 对多维数组的支持》《数据集注册元模型》《数据源注册元模型》和技术报告《SQL 对 JSON 的支持》；2015 年批准的技术报告《SQL 对多态表功能的支持》和《SQL 对多维数组的支持》等。SC32 现有的标准制定和研究工作为大数据的发展提供了良好基础。

3）WG9

WG9 是 ISO/IEC JTC1 于 2014 年 11 月成立的大数据工作组，该工作组的工作重点包括：开发大数据基础标准，如参考架构和术语；识别大数据标准化需求；同大数据相关的 JTC1 其他工作组保持联络；同 JTC1 外的其他大数据相关标准组织保持联络。正在开展 ISO/IEC 20546《信息技术 大数据 概述和词汇》和 ISO/IEC 20547《信息技术 大数据参考架构》两项国际标准的编制。其中，ISO/IEC 20547 为多部分标准，包括 ISO/IECTR 20547-1《第 1 部分：框架和应用过程》、ISO/IE CTR 20547-2《第 2 部分：用例和衍生需求》、ISO/IEC 20547-3《第 3 部分：参考架构》、ISO/IEC 20547-4《第 4 部分：安全与隐私保护》、ISO/IE CTR 20547-5《第 5 部分：标准路线图》。

其中，ISO/IEC 20547-4《信息技术 大数据参考架构 第 4 部分：安全与隐私保护》标准编制项目根据 ISO/IEC JTC1/JAG（JTC1 咨询小组）在 2016 年 3 月巴黎会议上的决定被转交给了 ISO/IEC JTC1/SC27，现由 SC27 下属的 WG4 和 WG5 共同负责，并任命中国专家担任项目编辑。

2. ITU-T

ITU-T 在 2013 年 11 月发布了技术报告《大数据：今天巨大，明天平常》，并在其下属的相关研究组中开展了多项与大数据和大数据安全相关的标准化工作。

目前，ITU-T 大数据标准化工作主要集中在 SG13（第 13 研究组）、SG16（第 16 研究组）、SG17（第 17 研究组）以及 SG20（第 20 研究组）中开展。

ITU-TSG 13 负责制定的大数据相关标准包括：已发布的《大数据基于云计算的要求和能力》以及正在开展中的"基于深度保温检测的大数据驱动网络框架"标准等。

ITU-TSG 17 正在开展"移动互联网中大数据分析的安全需求和框架"以及 XGSB"大数据服务安全指南"等标准的研制。

3．NIST

美国国家标准与技术研究院（NIST）于 2012 年 6 月启动了大数据相关基本概念、技术和标准需求的研究，2013 年 5 月成立了 NIST 大数据公开工作组（NBG-PWG），2015 年 9 月发布了 NIST SP 1500《NIST 大数据互操作框架》系列标准（第一版），包括 7 个分册，即 NIST SP 1500-1《第 1 卷 定义》、NIST SP 1500-2《第 2 卷 大数据分类法》、NIST SP 1500-3《第 3 卷 用例和一般要求》、NIST SP 1500-4《第 4 卷 安全和隐私保护》、NIST SP 1500-5《第 5 卷 架构调研白皮书》、NIST SP 1500-6《第 6 卷 参考架构》和 NIST SP 1500-7《第 7 卷 标准路线图》。其中，NIST SP 1500-4《第 4 卷 安全与隐私保护》由 NIST NBD-PWG 的安全与隐私保护小组编写。

4．TC28

为推动和规范我国大数据产业的快速发展，培育大数据产业链，并与国际标准接轨，全国信标委于 2014 年 12 月成立了大数据标准化工作组（简称"工作组"），工作组主要负责制定和完善我国大数据领域的标准体系，组织开展大数据相关技术和标准的研究，推动国际标准化活动，对口 WG9。目前，工作组制定的国家标准有 12 项，包括《信息技术 大数据 术语》《信息技术 数据交易服务平台 交易数据描述》等。

5．TC260

为了加快推动我国大数据安全标准化工作，信息安全标委会在 2016 年 4 月成立了特别工作组，主要负责制定和完善我国大数据安全领域的标准体系，组织开展大数据安全相关技术和标准的研究。特别工作组制定了《信息安全技术 个人信息安全规范》《信息安全技术 大数据服务安全能力要求》《信息安全技术 大数据安全管理指南》等国家标准。同时，特别工作组组织开展了针对大数据安全能力成熟度模型、大数据交易安全要求、数据出境安全评估等国家标准的研究工作。

5.2.4　大数据安全标准化规范

数据安全以数据为中心，重点考虑数据生命周期各阶段中的数据安全问题。大数据应用中包含海量数据，存在对海量数据的安全管理，因此在分析大数据安全相关标准时，需要对传统数据的采集、组织、存储、处理等安全相关标准进行适用性分析。此外，在大数据场景下，个人信息安全问题备受关注。由于大数据场景下的多源数据关联分析可能导致传统个人信息保护技术失效，所以大数据场景下更需要考虑个人信息安全问题，必须对现有个人信息保护技术和标准进行适用性分析。最后，大数据应用作为一个特殊的信息系统，除存在与传统信息安全一样的保密性、完整性和可用性要求外，还需要从管理角度研究大数据场景下的信息系统的安全，因此传统信息系统的大部分信息安全管理体系和管理要求标准仍然是适用的。下面介绍专门为大数据应用制定的大数据安全相关标准。

1. ISO/IEC 20547-4《信息技术 大数据参考架构 第 4 部分：安全与隐私保护》（国际标准）

该标准分析了大数据面临的安全与隐私保护问题和相关风险，在 ISO/IEC 20547-3《信息技术 大数据参考架构第 3 部分：参考架构》给出的大数据参考架构的基础上提出了大数据安全与隐私保护参考架构。它包括用户视角的大数据安全与隐私保护角色和活动，以及功能视角的大数据安全与隐私保护活动的功能组件。该标准还汇集了信息安全领域中已有的安全控制措施和隐私保护控制措施，作为大数据安全与隐私保护功能组件的选项。

2. NIST SP 1500-4《大数据互操作框架 第 4 卷 安全与隐私》（美国标准）

该标准聚焦于提出、分析和解决大数据特有的安全与隐私保护问题。在理解和执行安全与隐私保护的要求上，大数据触发了需求模式的根本转变，从而满足大数据体量大、种类多、速度快和易变化的特点。基础架构的安全解决方案的目标也发生了变化，例如分布式计算系统和非关系型数据存储的安全。大数据场景下，新的安全问题需要解决，其中包括平衡隐私与实用性，对加密数据开展分析和治理以及核查认证用户和匿名用户。该标准分析了特定应用场景（如医疗、政府、零售、航空等）下的大数据安全与隐私保护问题，提出了大数据安全与隐私保护的主要概念和角色，开发了一个大数据安全与隐私保护参考架构以补充 NIST 大数据参考架构，并对行业应用案例和 NIST 大数据参考架构之间的映射进行了相关探索。

3.《大数据服务安全能力要求》（国家标准）

该标准定义了大数据服务业务模式、大数据服务角色、大数据服务安全能力框架和大数据服务的数据安全目标和系统安全目标，规范了大数据服务提供者的大数据服务基本安全能力、数据服务安全能力和系统服务安全能力要求，为大数据服务提供者的组织能力建设、数据业务服务安全管理、大数据平台安全建设和大数据安全运营提出了安全能力要求。该标准一方面可以为大数据服务提供者提升大数据服务安全能力提供指导，另一方面可以为第三方机构对大数据服务安全测评提供依据。该标准将大数据服务安全能力分为一般要求和增强要求。大数据服务提供者应依据大数据框架服务模式和大数据应用模式，根据大数据系统所存储和分析数据的敏感度和业务重要性提供相应级别的大数据服务安全能力。

4.《大数据安全管理指南》（国家标准）

该标准分析了数据生命周期各阶段中的主要安全风险，尤其是在数据转移的环节中，该标准对角色提出了安全管理要求。该标准指导大数据生态环境中各角色安全地管理和处理大数据，以形成一个安全的大数据环境，确定各角色的责任和行为规范，为各角色安全地处理大数据提出管理和技术要求。该标准规范了大数据处理中的各个关键环节，为大数据应用和发展提供了安全的规范原则，解决了数据开放、共享中的基本问题。

5.2.5 大数据安全标准体系框架

基于国内外大数据安全实践及标准化现状，参考大数据安全标准化需求，结合未来大数据安全发展趋势，信安标委会下设的特别工作组发布的《大数据安全标准化白皮书（2017）》构建了如图 5-1 所示的大数据安全标准体系框架。该标准体系框架由 5 个类别的标准组成，分别为基础类标准、平台和技术类标准、数据安全类标准、服务安全类标准和行业应用类标准。

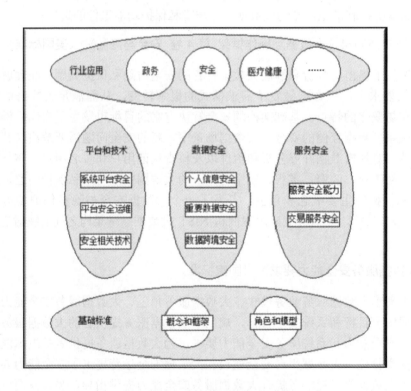

图 5-1　大数据安全标准体系框架

1. 基础类标准

基础类标准为整个大数据安全标准体系框架提供概述、术语、参考架构等基础标准，明确大数据生态中各类安全角色及相关的安全活动或功能定义，为其他类别标准的制定奠定基础。

2．平台和技术类标准

该类标准主要针对大数据服务所依托的大数据基础平台、业务应用平台及其安全防护技术、平台安全运行维护及平台管理方面的规范，包括系统平台安全、平台安全运维和安全相关技术三个部分。

1）系统平台安全

系统平台安全主要涉及基础设施、网络系统、数据采集、数据存储、数据处理等多层次的安全防护技术。

2）平台安全运维

平台安全运维主要涉及大数据系统在运行维护过程中的风险管理、系统测评等技术和管理类标准。

3）安全相关技术

安全相关技术主要涉及分布式安全计算、安全存储、数据溯源、密钥服务、细粒度审计等安全防护技术。

3．数据安全类标准

该类标准主要包括个人信息、重要数据、数据跨境安全等安全管理与技术标准，覆盖数据生命周期的数据安全，包括分类分级、去标识化、数据跨境、风险评估等内容。

4．服务安全类标准

该类标准主要是针对大数据服务过程中的活动、角色与职责、系统和应用服务等要素提出的服务安全类标准，包括安全要求、实施指南及评估方法；针对数据交易、开放共享等应用场景提出交易服务安全类标准，包括大数据交易服务安全要求、实施指南及评估方法。

5．行业应用类标准

该类标准主要是针对重要行业和领域的大数据应用，涉及国家安全、国计民生、公共利益的关键信息基础设施的安全防护，形成面向重要行业和领域的大数据安全指南，指导相关的大数据安全规划、建设和运营工作。

5.2.6　大数据安全策略

大数据的安全策略包括存储方面的安全策略、应用方面的安全策略和管理方面的安全策略。

1．大数据存储安全策略

基于云计算架构的大数据，其数据的存储和操作都是以服务的形式提供的。目前，大数据的安全存储采用虚拟化海量存储技术存储数据资源，涉及数据传输、隔离、恢复等问题。解决大数据的安全存储需要使用以下策略。

1）数据加密

在大数据安全服务的设计中，大数据可以按照数据安全存储的需求被存储在数据集的任何存储空间，通过 SSL（安全套接层）加密实现在数据集的节点和应用程序之间移动保护大数据。在大数据的传输服务过程中，加密为数据流的上传与下载提供有效的保护，应用隐私保护和外包数据计算屏蔽网络攻击。目前，PGP 和 Truecrypt 等程序都提供了强大的加密功能。

2）分离密钥和加密数据

使用加密将数据使用与数据保管分离，把密钥与要保护的数据隔离开，同时定义产生、存储、备份恢复等密钥管理生命周期。

3）使用过滤器

通过过滤器的监控，一旦发现数据离开了用户的网络，就自动阻止数据再次传输。

4）数据备份

通过系统容灾、敏感信息集中管控和数据管理等产品实现端对端的数据保护，确保大数据在损坏的情况下实现安全管控。

2. 大数据应用安全策略

随着大数据应用所需技术和工具的快速发展，大数据应用安全策略主要从以下几方面着手。

1）防止 APT 攻击

借助大数据处理技术，针对 APT 安全攻击隐蔽能力强、潜伏期长、攻击路径和渠道不确定等特征，设计具备实时检测能力与事后回溯能力的全流量审计方案，提醒隐藏有病毒的应用程序。

2）用户访问控制

大数据的跨平台传输应用在一定程度上会带来内在风险，可以根据大数据的机密程度和用户需求的不同对大数据和用户设定不同的权限等级，并严格控制访问权限。而且，借助单点登录的统一身份认证与权限控制技术可以对用户访问进行严格控制，有效保证大数据应用安全。

3）整合工具和流程

通过整合工具和流程确保大数据应用安全处于大数据系统的顶端。在整合点平行于现有连接的同时，减少通过连接企业或业务线的 SIEM 工具输出到大数据安全仓库，以防止这些被预处理的数据暴露算法和溢出加工后的数据集。同时，通过设计一个标准化的数据格式简化整合过程，并且可以改善分析算法的持续验证。

4）数据实时分析引擎

数据实时分析引擎融合了云计算、机器学习、语义分析、统计学等多个领域，通过数据实时分析引擎从大数据中第一时间挖掘出黑客攻击、非法操作、潜在威胁等各类安全事件，第一时间发出警告响应，同时可以配置各种基于硬件的解决方案。

3. 大数据管理安全策略

通过技术保护大数据的安全固然重要，但管理也很关键。大数据管理安全策略主要有规范建设、建立以数据为中心的安全系统、融合创新。

5.3　大数据安全保障技术

当前亟须针对大数据面临的用户隐私保护、数据内容可信验证、访问控制等安全挑战展开大数据安全关键技术研究。

5.3.1　数据溯源技术

早在大数据概念出现之前，数据溯源（Data Provenance）技术就在数据库领域得到了广泛研究，其基本出发点是帮助人们确定数据仓库中各项数据的来源，例如了解它们是由哪些表中的哪些数据项运算而成的，据此可以方便地验算结果的正确性或者以极小的代价进行数据更新。数据溯源的基本方法是标记法，如在文献中通过对数据进行标记以记录数据在数据仓库中的查询与传播历史。后来数据溯源的概念进一步细化为 why 和 where 两类，分别侧重数据的计算方法和数据的出处。除数据库以外，还包括 XML 数据、流数据与不确定数据的溯源技术。数据溯源技术也可用于文件的溯源与恢复。此外还有数据溯源技术在云存储场景中的应用。

1．数据溯源模型

目前，数据溯源模型主要有流溯源信息模型、时间-值中心溯源模型、四维溯源模型、开放的数据溯源模型、Provenir 数据溯源模型、数据溯源安全模型、PrInt 数据溯源模型等，这些模型都建立和应用于不同领域、不同行业。下面简单介绍几种模型。

1）流溯源信息模型

该模型由 6 个相关实体构成，主要包括流实体（变化事件实体、元数据实体和查询输入实体）和查询实体（变化事件实体接收查询输入实体，包括元数据实体）。实体之间关系密切，通过这种密切的关系可以根据数据的溯源时间推断数据溯源。

2）时间-值中心溯源模型

该模型是一种简单有效的溯源模型，是专门支持医疗领域数据源特点的模型，处理医疗事件流的溯源信息。它可以根据数据中的时间戳和流 ID 号推断医疗事件的序列和原始数据溯源。

3）四维溯源模型

此模型将溯源看成是一系列离散的活动集，这些活动发生在整个工作流生命周期中，并由四个维度（时间、空间、层和数据流分布）组成。四维溯源模型通过时间维区分在标注链中处于不同活动层的多个活动，进而通过追踪发生在不同工作流组件中的活动捕获工作流溯源，并且支持工作流执行的数据溯源。

4）Provenir 数据溯源模型

该模型使用 W3C 标准对模型加以逻辑描述，考虑了数据库和工作流两个领域的具体细节，从模型、存储到应用等方面形成了一个完整体系，成为首个完整的数据溯源管理系统，并用分类的方式阐明它们之间的相互关系。该模型提供对数据产生历史的元数据进行修改的功能，并使用物化视图的方法有效地解决了数据溯源的存储问题。

5）数据溯源安全模型

该模型利用了密钥树再生成的方法并引入了时间戳参数，可以有效地防止他人恶意篡改溯源链中的溯源记录，对数据对象在生命周期内修改行为的记录按时间顺序组成溯源链，用文档记载数据的修改行为。当进行各种操作时，文档随着数据的演变而更新其内容，通过对文档添加一些无法修改的参数，如时间戳、加密密钥和校验等限制操作权限，保护溯源链的安全。

6）PrInt 数据溯源模型

该模型是一种支持实例级数据一体化进程的数据溯源模型，主要解决一体化进程系统中不允许用户直接更新异构数据源而导致数据不一致的问题。由 PrInt 提供的再现性是基于日志记录的，并将数据溯源纳入一体化进程。

以上 6 种模型是比较经典的模型，其中，四维溯源模型支持动态地构建数据溯源图，能根据一系列溯源时间以及数据结点和服务所构成的数据流进行构建。以上几种模型除了数据溯源安全模型是介绍溯源链本身的安全以外，其他几种模型都是建立在如何实现溯本追源的基础上的。每种模型各具特点，风格不尽相同。

2．数据溯源方法

目前，数据溯源追踪的主要方法有标注法和反向查询法。除此之外，还有通用的数据追踪法、双向指针追踪法、利用图论思想和专用查询语言追踪法，以及文献提出的以位向量存储定位等方法。

1）标注法

标注法是一种简单且有效的数据溯源方法，使用非常广泛。标注法通过记录和处理相关的信息追溯数据的历史状态，即用标注的方式记录原始数据的一些重要信息，如背景、作者、时间、出处等，并让标注和数据一起传播，通过查看目标数据的标注获得数据的溯源。采用标注法进行数据溯源虽然简单，但存储标注信息需要额外的存储空间。

2）反向查询法

反向查询法也称逆置函数法。由于标注法并不适用于细粒度的数据，特别是不适合大数据集中的数据溯源，于是人们提出了反向查询法。此方法是通过逆向查询或构造逆向函数对查询求逆，或者说根据转换过程反向推导，由结果追溯到原数据的过程。这种方法是在需要时才进行计算的，所以又称 Lazzy 法。反向查询法的关键是需要构造出逆向函数，逆向函数构造的好与坏将直接影响查询的效果以及算法的性能。与标注法相比，反向查询法比较复杂，但其需要的存储空间比标注法要少。

3．数据溯源的安全问题

数据溯源技术在信息安全领域发挥着重要作用，然而数据溯源技术在应用于大数据安全与隐私保护时还面临以下挑战。

1）数据溯源与隐私保护之间的平衡

一方面，基于数据溯源对大数据进行安全保护首先要通过分析技术获得大数据的来源，然后才能更好地支持安全策略和安全机制的工作；另一方面，数据较为隐私敏感，用户不希望这方面的数据被分析者获得。因此，如何平衡这两者的关系是值得研究的问题。

2）数据溯源技术自身的安全性保护

当前，数据溯源技术并没有充分考虑安全问题，例如标记自身是否正确、标记信息与数据内容之间是否安全绑定等。在大数据环境下，其大规模、高速性、多样性等特点将使该问题更加突出。

5.3.2　数字水印技术

数字水印技术（Digital Watermarking）是指在既不影响数据使用，也不影响数据内容的情况下将标识信息（即数字水印）通过一些较为隐秘的方式嵌入数据载体中。这种技术一般应用在媒体版权保护上，在文本文件和数据库上也有一定的应用。由数据的无序性、动态性等特点所决定，在数据库、文档中添加水印的方法与多媒体载体上有很大不同，其基本前提是上述数据中存在冗余信息或可容忍一定精度的误差。通过这些隐藏在载体中的信息可以达到确认内容创建者、购买者，传送隐秘信息或者判断载体是否被篡改等目的。

1. 数字水印技术的特点

数字水印技术具有以下几方面的特点。

1）安全性

数字水印的信息应是安全的、难以篡改或伪造的，同时应当有较低的误检测率，当原内容发生变化时，数字水印应当发生变化，从而可以检测原始数据的变更；当然，数字水印同样对重复添加有很强的抵抗性。

2）隐蔽性

数字水印应是不可知觉的，而且应不影响被保护数据的正常使用；不会降低质量。

3）鲁棒性

鲁棒性是指在经历多种无意或有意的信号处理过程后，数字水印仍能保持部分完整性并能被准确鉴别。信号处理过程包括信道噪声、滤波、数/模与模/数转换、重采样、剪切、位移、尺度变化以及有损压缩编码等，用于版权保护的易损水印（Fragile Watermarking）主要用于完整性保护，这种水印同样是在内容数据中嵌入了不可见的信息。当内容发生改变时，这些水印信息会发生相应的改变，从而可以鉴定原始数据是否被篡改。

4）水印容量

水印容量是指载体在不发生形变的前提下可嵌入的水印信息量。嵌入的水印信息必须足以表示多媒体内容的创建者或所有者的标识信息或购买者的序列号，这样有利于解决版权纠纷，保护数字产权合法拥有者的利益。隐蔽通信领域的特殊性对水印容量的需求很大。

2. 数字水印的核心技术

1）基于小波算法的数字水印生成与隐藏算法

采用小波算法可以将数字图像的空间域数据通过离散小波变换（DWT）转换为相应的小波域系数，并根据待隐藏的信息类型对其进行适当的编码和变形，再根据隐藏信息量的大小和相应的安全目标选择方形的频域系数序列，最后将数字图像的频域系数经反变换转换为空间域数据。

2）水印防复制技术

当仿冒者得到含有数字水印的印刷包装后，一定会设法复制（如采用高精度数字扫描仪），为防止数字水印信息被复制，数字水印嵌入软件在隐藏水印信息时采用了色谱当量给定算法，这种方法可以保证仿冒者在调整原图的色彩时会无法避免地改变色谱当量，这样就从根本上保证了水印不会被复制。

3）抗衰减技术

从数字图像到印刷品，它们都要经过制版、印刷等多道工序，数字水印的特征在每个工序上都要被衰减，为保证数字水印在最终印刷品上有足够的信号强度，数字水印嵌入软件在生成水印信息时充分考虑了足够的信号强度，确保经过多个工序后数字水印的信号强度（鲁棒性）仍能被可靠地机读。

4）数字水印检验机读化

数字水印检验机读化可消除人为因素的不确定性，提高检验速度，增强隐蔽信息（水印）识别的安全性，并可以和 RFID、紫外线、磁条等成熟的防伪检验设备组成多重立体防伪系统，提升综合安防水平。

3. 数字水印的分类

数字水印的生成方法有很多，也有不同方向的分类。

1）按数字水印的特性划分

按数字水印的特性划分，可以将数字水印分为鲁棒数字水印和易损数字水印两类。

（1）鲁棒数字水印。

鲁棒数字水印主要用于在数字作品中标识著作权信息，利用鲁棒水印技术可以在多媒体内容的数据中嵌入创建者、所有者的标识信息或者购买者的序列号。在发生版权纠纷时，创建者或所有者的信息用于标识数据的版权所有者，而序列号则用于追踪违反协议而为盗版提供多媒体数据的用户。用于版权保护的数字水印要求有很强的鲁棒性和安全性，除了要求在一般图像处理（如滤波、加噪声、替换、压缩等）中生存外，还需要能抵抗一些恶意攻击。

（2）易损数字水印。

易损数字水印与鲁棒数字水印的要求相反，易损数字水印主要用于完整性保护，这种水印同样是在内容数据中嵌入不可见的信息。当内容发生改变时，这些水印信息会发生相应的改变，从而可以鉴定原始数据是否被篡改。易损数字水印在应对一般图像处理（如滤波、加噪声、替换、压缩等）时有较强的免疫能力（鲁棒性），同时又有较强的敏感性，即既允许一定程度的失真，又能将失真情况探测出来。易损数字水印必须对信号的变动很敏感，人们应能根据易损数字水印的状态判断出数据是否被篡改过。

2）按数字水印所附载的媒体划分

按数字水印所附载的媒体划分，可以将数字水印分为图像水印、音频水印、视频水印、文本水印以及用于三维网格模型的网格水印等。随着数字技术的发展，还会有更多种类的数字媒体出现，同时也会产生更多的水印技术。

3）按数字水印的检测过程划分

按水印的检测过程划分，可以将数字水印分为明文水印和盲水印。明文水印在检测过程中需要原始数据，而盲水印在检测过程中只需要密钥，不需要原始数据。一般来说，明文水印的鲁棒性比较强，但其应用受到了存储成本的限制。目前，学术界研究的数字水印大多是盲水印。

4）按数字水印的内容划分

按数字水印的内容划分，可以将数字水印分为有意义水印和无意义水印。有意义水印是指水印本身也是某个数字图像（如商标图像）或数字音频片段的编码；无意义水印则只对应于一个序列号。有意义水印的优势在于如果由于受到攻击或其他原因导致解码后的水印破损，人们仍然可以通过视觉观察确认是否存在水印。但对于无意义水印来说，如果解码后的水印序列有若干码元错误，则只能通过统计决策确定信号中是否含有水印。

5）按数字水印的用途划分

按数字水印的用途划分，可以将数字水印分为票证防伪水印、版权保护水印、篡改提示水印和隐蔽标识水印。

（1）票证防伪水印。

票证防伪水印是一类比较特殊的水印，主要用于打印票据和电子票据、各种证件的防伪标志。一般来说，因为伪币的制造者不可能对票据图像进行过多的修改，所以诸如尺度变换等信号编辑操作是不用考虑的。但人们必须考虑票据破损、图案模糊等情况，而且考虑到快速检测的要求，用于票证防伪的数字水印算法不能太复杂。

（2）版权保护水印。

版权保护水印是目前研究得最多的一类数字水印。数字作品既是商品，又是知识作品，这种双重性决定了版权标识水印主要强调隐蔽性和鲁棒性，而对数据量的要求相对较小。

（3）篡改提示水印。

篡改提示水印是一种易损水印，其目的是标识原文件信号的完整性和真实性。

（4）隐蔽标识水印。

隐蔽标识水印的目的是将保密数据的重要标注隐藏起来，以限制非法用户对保密数据的使用。

6）按数字水印隐藏的位置划分

按数字水印隐藏的位置划分，可以将数字水印分为时（空）域数字水印、频域数字水印、时/频域数字水印和时间/尺度域数字水印。时（空）域数字水印直接在信号空间上叠加水印信息，而频域数字水印、时/频域数字水印和时间/尺度域数字水印则分别是在 DCT 变换域、时/频变换域和小波变换域上隐藏水印。随着数字水印技术的发展，各种数字水印算法层出不穷，数字水印的隐藏位置也不再局限于上述四种。应该说，只要构成一种信号变换，就有可能在其变换空间上隐藏水印。

上述水印方案中有些可用于部分数据的验证。例如，只要残余元组数量达到阈值，就可以成功验证出水印。该特性在大数据应用场景下具有广阔的发展前景。例如，鲁棒水印类可用于大数据的起源证明，而易损水印类则可用于大数据的真实性证明。数字水印是信息隐藏技术的一个重要研究方向。

5.3.3 身份认证技术

身份认证技术指通过对设备的行为数据的收集和分析获得行为特征，并通过这些特征对用户及其所用的设备进行验证以确认其身份。身份认证技术是在计算机网络中为确认操作者身份而产生的有效解决方法。计算机网络世界中的一切信息，包括用户的身份信息都是用一组特定的数据表示的，计算机只能识别用户的数字身份，所有对用户的授权也是针对用户的数字身份的授权。如何保证以数字身份进行操作的操作者就是这个数字身份的合法拥有者，即保证操作者的物理身份与数字身份相对应是身份认证技术要解决的问题，作为保护网络资产的第一道关口，身份认证有着举足轻重的作用。

1．几种常见的认证形式

1）静态密码

用户的密码是由用户自己设定的。在网络登录时输入正确的密码，计算机就认为操作者就是合法用户。实际上，由于许多用户为了防止忘记密码而经常采用诸如生日、电话号码等容易被猜到的字符串作为密码，或者把密码抄在纸上并放在一个自认为安全的地方，这样很容易造成密码泄露。如果密码是静态的数据，则在计算机内存和传输过程中可能会被木马程序截获。因此，静态密码机制无论是使用还是部署都非常简单，但从安全性上讲，用户名/密码方式是一种不安全的身份认证方式。静态密码利用的是基于信息秘密的身份认证（what you know）方法。

目前，智能手机的功能越来越强大，里面包含了很多私人信息，人们在使用手机时为了保护信息安全，通常会为手机设置密码，由于密码是存储在手机内部，所以称之为本地密码认证。与之相对的是远程密码认证，例如在登录电子邮箱时，电子邮箱的密码是存储在邮箱服务器中的，在本地输入的密码需要发送给远端的邮箱服务器，只有和服务器中存储的密码一致，才被允许登录电子邮箱。为了防止攻击者采用离线字典攻击的方式破解密码，通常都会设置在登录失败达到一定次数后锁定账号，在一段时间内阻止攻击者继续尝试登录。

2）智能卡（IC 卡）

智能卡是一种内置集成电路的芯片，芯片中存有与用户身份相关的数据。智能卡由专门的厂商通过专门的设备生产，是不可复制的硬件。智能卡由合法用户随身携带，登录时必须将智能卡插入专用的读卡器以读取其中的信息，从而验证用户的身份。智能卡认证是通过智能卡硬件的不可复制性保证用户身份不会被仿冒。然而由于每次从智能卡中读取的数据是静态的，通过内存扫描或网络监听等技术还是可以很容易地截获用户的身份验证信息，因此它还是存在安全隐患的。智能卡利用的是基于信任物体的身份认证（what you have）方法。

智能卡自身就是功能齐备的计算机，它有自己的内存和微处理器，该微处理器具备读取和写入能力，允许对智能卡上的数据进行访问和更改。智能卡被包裹在一个信用卡大小或者更小的物体（如手机中的 SIM 卡就是一种智能卡）中。智能卡能够提供安全的验证机制以保护持卡人的信息，并且智能卡很难复制。从安全的角度来看，智能卡提供了在卡片中存储身份认证信息的能力，该信息能够被智能卡读卡器所读取。智能卡读卡器能够连到 PC 上以验证 VPN 连接或访问另一个网络系统的用户。

3）短信密码

短信密码以手机短信的形式请求包含 6 位随机数字的动态密码，身份认证系统以短信形式发送随机的 6 位密码到用户的手机上，用户在登录或者交易认证时输入此动态密码，从而确保系统身份认证的安全性。短信密码利用的是基于信任物体的身份认证（what you have）方法。

短信密码具有以下优点。

（1）安全性。

由于手机与用户绑定得比较紧密，短信密码的生成与使用场景是物理隔绝的，所以密码在通路上被截获的概率极低。

（2）普及性。

只要能接收短信即可使用，大幅降低了短信密码技术的使用门槛，学习成本几乎为零，所以在市场接受度方面不会存在阻力。

（3）易收费。

由于移动互联网用户天然养成了付费的习惯，这是和 PC 时代的互联网截然不同的理念，而且收费通道非常发达，如网银、第三方支付、电子商务可将短信密码作为一项增值业务，每月通过 SP 进行收费也不会有阻力，因此可增加收益。

（4）易维护。

由于短信网关技术非常成熟，所以大幅降低了短信密码系统的复杂度和风险，短信密码业务的后期客服成本低，稳定的系统在提升安全性的同时也营造了良好的口碑效应，这也是目前银行大量采纳这项技术的重要原因。

4）动态口令

动态口令是目前最安全的身份认证方式，它也利用基于信任物体的身份认证（what you have）方法，也是一种动态密码。

（1）动态口令牌。

动态口令牌是由用户手持的用来生成动态密码的终端，主流的是基于时间同步方式的动态口令牌，每 60 秒变换一次动态口令，口令一次有效，它可以产生 6 位动态数字并进行一次一密的认证。但是由于基于时间同步方式的动态口令牌存在 60 秒的时间窗口，导致该密码在这 60 秒内存在风险，所以现在已有基于事件同步的、双向认证的动态口令牌。基于事件同步的动态口令利用用户动作触发的同步原则，真正做到了一次一密，并且由于是双向认证，即在服务器验证客户端的同时客户端也需要验证服务器，从而达到了杜绝木马网站的目的。

由于动态口令牌使用起来非常便捷，85% 以上的世界 500 强企业都使用它保护登录安全，所以它广泛应用在 VPN、网上银行、电子政务、电子商务等领域。

（2）USB Key。

基于 USB Key 的身份认证方式是一种方便、安全的身份认证技术，它采用软硬件相结合、一次一密的强双因子认证模式，很好地解决了安全性与易用性之间的矛盾。USB Key 是一种具有 USB 接口的硬件设备，内置单片机或智能卡芯片，可以存储用户的密钥或数字证书，并利用 USB Key 内置的密码算法实现对用户身份的认证。基于 USB Key 身份认证的系统主要有两种应用模式：一种是基于冲击/响应的认证模式，另一种是基于 PKI 体系的认证模式，目前运用在电子政务、网上银行等领域。

（3）OCL。

OCL 不但可以提供身份认证功能，同时还可以提供交易认证功能，可以最大限度地保证网络交易的安全。OCL 是智能卡数据安全技术和 U 盘相结合的产物，为数据安全解决方案提供了一个强有力的平台，为用户提供了坚实的身份识别和密码管理方案，为网上银行、期货、电子商务和金融传输等提供了坚实的身份识别和真实的交易数据的保证。

5）数字签名

数字签名又称电子加密，它可以区分真实数据与伪造、被篡改过的数据，这对于网络数据传输，特别是电子商务是极其重要的，一般采用一种称为摘要的技术。摘要技术主要是利用 Hash 函数的一种计算过程：输入一个长度不固定的字符串，返回一个定长的字符串，又称 Hash 值，将一段长的报文通过函数变换转换为一段定长的报文，即摘要。身份识别是指用户向系统出示自己身份证明的过程，主要使用约定口令、智能卡和用户指纹、视网膜和声音等生理特征。数字证明机制提供利用公开密钥进行验证的方法。

6）生物识别

生物识别是运用基于生物特征的身份认证方法，通过可测量的身体或行为等生物特征进行身份认证的一种技术。生物特征指唯一的可测量或可自动识别和验证的生理特征或行为方式。一般使用传感器或者扫描仪读取生物的特征信息，将读取的信息和用户在数据库中的特征信息进行比对，如果一致则通过认证。生物特征分为身体特征和行为特征两类。身体特征包括声纹、指纹、掌形、视网膜、虹膜、人体气味、脸形、手掌的血管纹理和 DNA 等；行为特征包括签名、语音、行走步态等。一般将视网膜识别、虹膜识别和指纹识别等归为高级生物识别技术；将掌形识别、脸形识别、语音识别和签名识别等归为次级生物识别技术；将血管纹理识别、人体气味识别、DNA 识别等归为"深奥的"生物识别技术。目前应用最多的是指纹识别技术，应用领域有门禁系统、微型支付等。例如日常使用的智能手机和笔记本电脑已具有指纹识别功能，在使用这些设备前，无须输入密码，只要将手指在扫描器上轻轻一按就能进入设备的操作界面，非常方便，而且他人很难复制。生物特征识别的安全隐患在于一旦生物特征信息在数据库存储或网络传输中被盗取，攻击者就可以执行某种身份欺骗攻击，并且攻击对象会涉及所有使用生物特征信息的设备。

7）安全身份认证

网络安全准入设备制造商联合国内专业网络安全准入实验室推出了安全身份认证准入控制系统。目前最流行的就是双因素身份认证，它将两种认证方法相结合，进一步加强了认证的安全性，目前使用最为广泛的双因素有动态口令牌+静态密码、USB Key+静态密码、双层静态密码等。

8）门禁应用

身份认证技术是门禁系统发展的基础，非接触式射频卡具有无机械磨损、寿命长、安全性高、使用简单、难以复制等优点，因此成为业界备受关注的技术。从识别技术上看，RFID技术的运用是非接触式卡的潮流，更快的响应速度和更高的频率是其未来的发展趋势。

19 世纪 80 至 90 年代，计算机和光学扫描技术的飞速发展使得指纹提取成为现实。图像设备的引人和处理算法的出现又为指纹识别应用提供了条件，促进了生物识别门禁系统的发展和应用。研究表明，指纹、掌纹、面部、视网膜、静脉、虹膜、骨骼等都具有个体的唯一性和稳定性特点，且这些特点一般不会变化，因此可以利用这些特征作为判别人员身份的依据，因此产生了基于这些特点的生物识别技术。由于人体的生物特征具有可靠、唯一、终身不变、不会遗失和不可复制的特点，所以基于生物识别的门禁系统从识别的方式上讲其安全性和可靠性最高。目前，国内外研究和开发的门禁系统主要有非接触感应式和基于生物识别技术的门禁系统。生物识别技术门禁中尤其以指纹识别使用得最广泛。

2．基于大数据认证技术的优缺点

基于大数据的认证技术指收集用户行为和设备行为数据，并对这些数据进行分析，以获得用户行为和设备行为的特征，进而通过鉴别操作者行为及其设备行为确定其身份，它与传统认证技术利用用户所知的秘密、所持有的凭证或具有的生物特征确认其身份有很大不同。具体来说，这种新的认证技术具有以下优点。

1）攻击者很难模仿用户的行为特征以通过认证

利用大数据技术所能收集的用户行为和设备行为数据是多样的，包括用户使用系统的时间、经常采用的设备、设备所处的物理位置甚至用户的操作习惯。通过对这些数据进行分析能够为用户勾画出一个行为特征的轮廓。攻击者很难在方方面面都模仿用户的行为，因此它与真正用户的行为特征轮廓必然存在较大偏差，无法通过认证。

2）减小了用户负担

用户行为和设备行为特征数据的采集、存储和分析都由认证系统完成。相比于传统认证技术，极大地减轻了用户负担。

3）可以更好地支持系统认证机制的统一

基于大数据的认证技术可以让用户在整个网络空间采用相同的行为特征进行身份认证，避免了不同系统采用不同认证方式的情况，杜绝了因用户所知秘密或所持有凭证的各不相同所带来的种种不便。虽然基于大数据的认证技术具有上述优点，但其同时也存在一些问题亟待解决。

（1）初始阶段的认证问题。

基于大数据的认证技术建立在大量用户行为和设备行为数据分析的基础上，而初始阶段是不具备大量数据的，因此在初始阶段无法分析出用户行为特征或者分析结果不够准确。

（2）用户隐私问题。

基于大数据的认证技术为了能够获得用户的行为习惯，必然要长期持续地收集大量的用户数据，如何在收集和分析这些数据的同时确保用户隐私安全也是亟待解决的问题，这一点也是影响这种新的认证技术是否能够推广的主要因素。

5.3.4 数据发布匿名保护技术

为了从大数据中获益，数据持有方有时需要公开发布自己的数据，这些数据通常包含一定的用户信息，服务方在数据发布之前需要对数据进行处理，使用户隐私免遭泄露。此时，确保用户隐私信息不被恶意的第三方获取是极为重要的。一般来说，用户更希望攻击者无法从数据中识别出自身的隐私信息，匿名技术就是这种思想的一种实现。

对于大数据中的结构化数据（或称关系数据）而言，数据发布匿名保护技术是实现隐私保护的关键技术与基本手段。所谓数据发布匿名，就是指在确保所发布的信息数据公开可用的前提下，隐藏公开数据记录与特定个体之间的对应联系，从而保护个人隐私。实践表明，仅删除数据表中有关用户身份的属性以作为匿名实现方案是无法达到预期效果的。现有的方案有静态匿名（以信息损失为代价，不利于数据挖掘与分析）、个性化匿名、带权重的匿名等技术。后两种匿名技术可以给予每条数据记录以不同程度的匿名保护，减少了不必要的信息损失。

1. 大数据中的静态匿名技术

在静态匿名技术中，数据发布方需要对数据中的准标识码进行处理，使得多条记录具有相同的准标识码组合，这些具有相同准标识码组合的记录集合被称为等价组。

1）k-匿名技术

k-匿名技术指每个等价组中的记录个数为 k，即针对大数据的攻击者在进行链接攻击时对于任意一条记录的攻击都会同时关联到等价组中的其他 $k-1$ 条记录。这种特性使得攻击者无法确定与特定用户相关的记录，从而保护了用户的隐私。攻击者在进行链接攻击时，至少无法区分等价组中的 k 条数据记录。

2）l-diversity 匿名技术

若等价组在敏感属性上取值单一，则即使攻击者无法获取特定用户的记录，但仍然可以获得目标用户的隐私信息。l-diversity 匿名技术解决了这个问题。l-diversity 保证每一个等价组的敏感属性至少有 n 个不同的值，l-diversity 使得攻击者最多以 $1/n$ 的概率确认某个个体的敏感信息，这使得等价组中敏感属性的取值更加多样化，从而避免了 k-匿名技术中的敏感属性取值单一所带来的缺陷。

3）t-closeness 匿名技术

若等价组中敏感值的分布与整个数据集中敏感值的分布具有明显的差别，则攻击者有一定的概率猜测到目标用户的敏感属性值，t-closeness 匿名技术因此应运而生。t-closeness 匿名技术以 EMD（Earth Mover's Distance）衡量敏感属性值之间的距离，并要求等价组内敏感属性值的分布特性与整个数据集中敏感属性值的分布特性之间的差异尽可能小，即在 1-diversity 匿名技术的基础上，t-closeness 匿名技术考虑了敏感属性的分布问题，它要求所有等价组中的敏感属性值的分布尽量接近该属性的全局分布。

　　上述匿名技术都会造成较大的信息损失。在使用数据时，这些信息损失有可能使得数据使用者做出误判。不同的用户对于自身的隐私信息有着不同程度的保护要求，使用统一的匿名标准显然会造成不必要的信息损失，个性化匿名技术因此应运而生，它可以根据用户的要求为发布数据中的敏感属性值提供不同程度的隐私保护。对于大数据的使用者而言，属性与属性之间的重要程度往往并不相同。例如，对于医学研究者而言，一个患者的住址或者工作单位显然不如他的年龄、家族病史等信息重要。根据这种思想，带权重的匿名技术会为记录的属性赋予不同的权重。较为重要的属性具有较大的权重，从而为其提供较强的隐私保护，其他属性则以较低的标准进行匿名处理，以此尽可能地减少重要属性的信息损失。各级匿名标准提供的匿名效果不同，相应的信息损失也不同，以此避免了不必要的信息损失，从而显著提高发布数据的可用性。数据发布匿名最初只考虑了发布后不再变化的静态数据，但在大数据环境中，数据的动态更新是大数据的重要特点之一。一旦数据集更新，数据发布者便需要重新发布数据，以保证数据的可用性。此时，攻击者可以对不同版本的发布数据进行联合分析与推理，从而使上述基于静态数据的匿名策略失效。

2. 大数据中的动态匿名技术

　　针对大数据持续更新的特性，研究者提出了基于动态数据集的匿名技术，这些匿名技术不但可以保证每一次发布的数据能满足某种匿名标准，也可以使攻击者无法通过联合历史数据进行分析和推理。这些动态匿名技术包括支持新增数据的重发布匿名技术、m-invariance匿名技术、HD-composition匿名技术等。

　　1）支持新增数据的重发布匿名技术

　　支持新增数据的重发布匿名技术使得数据集即使因为新增数据而发生改变，但多次发布后的不同版本的公开数据仍然能满足 1-diversity 准则，以保证用户的隐私。在这种匿名技术中，数据发布者需要集中管理不同发布版本中的等价组，若新增的数据集与先前版本的等价组无交集并能满足 1-diversity 准则，则可以将其作为新版本发布数据中的新等价组，否则需要等待。若新增的数据集与先前版本的等价组有交集，则需要将其插入最为接近的等价组中；若一个等价组过大，则还需要对等价组进行划分，以形成新的较小的等价组。

　　2）m-invariance 匿名技术

　　为了在支持新增操作的同时支持数据重发布对历史数据集的删除，m-invariance 匿名技术应运而生。对于任意一条记录，只要此记录所在的等价组在前后两个发布版本中具有相同的敏感属性值集合，那么不同发布版本之间的推理通道就可以被消除。因此为了保证这种约束，这种匿名技术引入了虚假的用户记录，这些虚假的用户记录不对应任何原始数据记录，它们只是为了消除不同数据版本之间的推理通道而存在。在这种匿名技术中，为了对应这些虚假的用户记录，还引入了额外的辅助表标识等价组中的虚假记录数目，以保证数据使用时的有效性。

　　3）HD-composition 匿名技术

　　研究者发现在不同版本的数据发布中，敏感属性可分为常量属性与可变属性两种，研究者为了支持数据重发布对历史数据集的修改而又提出了 HD-composition 匿名技术。这种匿名技术同时支持数据重发布的新增、删除与修改操作，为由于数据集的改变而发生的重发布操作提供了有效的匿名保护。在大数据环境下，海量数据规模使得匿名技术的效率变得至关重要。研究者结合大数据处理技术实现了一系列传统的数据匿名技术，提高了匿名技术的效率。

3．大数据中的匿名并行化处理

大数据环境下的数据匿名技术也是大数据环境下的数据处理技术之一，通用的大数据处理技术也能应用于数据匿名发布这一特定目的。当前，大数据环境下数据匿名技术的思想和模型与传统的数据匿名技术一致，主要的不同与问题在于如何使用大数据环境下的相关技术实现先前的各类数据匿名算法。

分布式多线程是主流的解决思路，一类实现方案是利用特定的分布式计算框架实施通常的匿名策略；另一类实现方案是将匿名算法并行化，使用多线程技术加速匿名算法的计算效率，从而节省大数据中的匿名并行化处理的计算时间。使用已有的大数据处理工具与修改匿名算法的实现方式是大数据环境下数据匿名技术的主要趋势，这些技术能极大地提高数据匿名处理的效率。除此之外，大数据环境为信息的搜集、存储与分析提供了更为强大的支持，攻击者的能力也随之提高，从而使匿名保护变得更为困难，研究者需要付出更多的努力以确保大数据环境下的匿名安全。此外，数据的多源化为数据发布匿名技术带来了新的挑战，攻击者可以从多个数据源中获得足够的数据信息以对发布数据进行去匿名化。.

5.3.5　社交网络匿名保护技术

社交网络产生的数据是大数据的重要来源之一，这些数据中包含大量用户隐私数据。从表面上看，活跃于社交网络上的信息并不会泄露个人隐私。但事实上，几乎任何类型的数据都如同用户的指纹一样，能够通过辨识找到其拥有者。在当今社会，一旦用户的通话记录、电子邮件、银行账户、信用卡信息、医疗信息等数据被无节制地搜集、分析与利用，那么用户都将"被透明"，不仅个人隐私荡然无存，还将引发一系列社会问题。因为用户的个性化信息与用户隐私密切相关，所以互联网服务提供商必须在对用户数据进行匿名化处理之后才能提供共享或对外发布。由于社交网络具有图结构特征，所以其匿名保护技术与结构化数据有很大不同。

社交网络中的典型匿名保护需求为用户标识匿名与属性匿名（又称点匿名），即在数据发布时隐藏用户的标识与属性信息，以及用户关系匿名（又称边匿名），即在数据发布时隐藏用户之间的关系。而攻击者则试图利用节点的各种属性（度数、标签、某些具体的连接信息等）重新识别出图节点中的身份信息。

目前，社交网络服务的匿名方法有 4 种方案：朴素匿名方案、基于结构变换的匿名方案、基于超级节点的匿名方案、差分隐私保护方案。

1．朴素匿名方案

为了保护隐私，朴素匿名方案会直接删除诸如用户名、姓名、电话号码等敏感信息，同时完全保留其他描述信息和社交关系结构图，图 5-2 中的匿名数据包括学生的社交关系和成绩等，而学生的姓名都被替换成了随机数字，目前此方法应用得最为广泛。

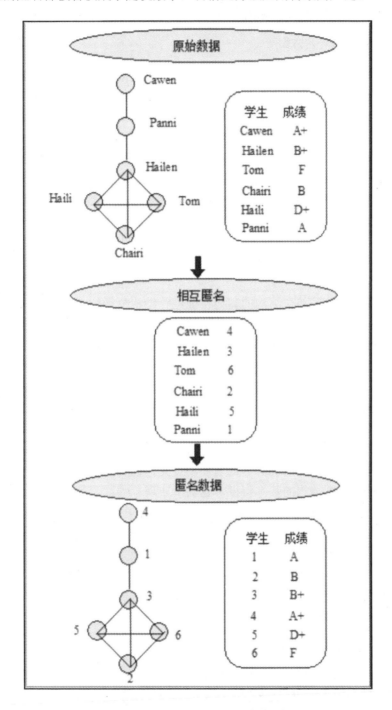

图 5-2　社交关系结构图的朴素匿名

在很多实际应用场景中，假定攻击者有途径获取少量真实用户的部分信息（辅助信息），例如用户对应节点的读数（朋友数量）、邻居节点的拓扑结构（朋友之间的关系）或节点附近任意范围的子图。攻击者可以利用这些辅助信息在发布的数据中匹配此类信息以定位目标用户，因此匿名数据可能存在泄露隐私的风险。

2. 基于结构变换的匿名方案

为了克服朴素匿名的缺陷，研究者又提出来一系列针对不同类型的隐私威胁的匿名化算法。匿名化算法可以修改社交关系结构图的结构和描述，使它不能与攻击者所掌握的辅助信息精确匹配，从而实现了隐私保护。通常而言，对社交关系结构图的改动越大，隐私保护性能越好，但同时也引入了噪声，降低了数据的可用性。

基于结构变换的匿名方案是最为典型的社交网络匿名方案，其特点是对社交网络中的边、节点进行增、删、交换等变换以实现匿名。该方案的基本思想是使部分虚拟节点尽可能相似，隐藏各个节点的个性化特征，从而使攻击者无法唯一确定其攻击对象。典型的结构变换匿名方案是通过调整度数相似的节点的度数、增加或删除边、增添噪声节点等使得每个节点至少与其他 $k-1$ 个节点的度数相同，使攻击者无法通过节点度数唯一地识别出其攻击目标。在基本方案的基础上，研究者又提出了多种变体，并逐步将匿名考量的参数范围扩大，包括相邻节点的度数、邻居结构等。

也有研究者提出了根据社交结构的其他特征进行结构变换的方案，例如随机增删、交换边的方案。该方案要求在匿名过程中保持图的邻接矩阵特征值和对应的拉普拉斯矩阵第二特征值不变，从而增强数据的可用性。基于等价类方案的思想则是根据节点的不同特征将其划分为不同的等价类，将部分社交连接的顶点用与其等价类相同的其他顶点代替，此类方案通常是等概率地随机选取边或节点进行增删和交换。具体来说，随机删除方法是从图中等概率地选取一定比例的边，然后将其删除；随机扰动方法则是先以相同的方式删除一定比例的边，然后随机添加相同数量的边，使得匿名化后的图与原图的边数相等；随机交换方法则不仅保证了总边数不变，也保证了每个节点的度数不变。

基于结构变换的匿名方案的优势非常明显。首先，此类方案会挑选较为相似的节点进行改造，能够很好地保持图结构的基本特征，也易于实现。其次，此类方案在一定程度上实现了节点的模糊化，使得节点的部分结构特征变得不明显，加大了攻击者的识别难度，能够保护用户隐私。但此类方案的缺点也十分突出，即仅仅考虑了节点和边的特征，边和节点的增删与交换的随机性比较大，且并未考虑其实际意义，可能导致在并不相关甚至差异明显的节点之间建立连接，影响数据分析结果的一致性。而且，此类方案添加的噪声过于分散和稀少，并不能抵抗针对特定匿名边的分析攻击，攻击者仍可以借助一系列去匿名化攻击手段分析出特定的一对节点之间是否存在社交连接。

3. 基于超级节点的匿名方案

另一个重要思路是基于超级节点对图结构进行分割和集类操作，匿名后的社交关系结构图与原始社交关系结构图存在较大区别。这类匿名方案基于聚类节点信息的统计发布，能够避免攻击者识别出超级节点内部的真实节点，从而实现了用户隐私保护。虽然该方案能够实现边的匿名，但也在很大程度上改变了图数据的结构，使得数据的可用性大幅降低。

4. 差分隐私保护方案

差分隐私是一种通用且具有见识的由数学理论支持的隐私保护框架，可以在攻击者掌握任意背景知识的情况下对发布数据提供隐私保护。该方案关注社交网络中一个元素的增加或缺失是否会对查询结果产生显著影响，通过向查询或者查询结果插入噪声进行干扰，从而实现隐私保护。作为一种新型的隐私保护技术，差分隐私保护在理论研究和实际应用等方面都具有重要价值，它通过对原始数据变换后的内容或者统计分析结果数据添加噪声以达到保护隐私的效果。在数据集中插入或者删除数据不会影响任何查询（如计数查询）的结果。

近年来，研究人员设计了一系列差分隐私算法，但是这些算法对攻击者的能力都存在一些特殊假设，如强调攻击者了解节点的度数、属性个数等特征。而在如 Facebook、Twitter、微博等节点迅速变化的社交网络中，用户的社交变化频繁，假定攻击者能精确地限定攻击目标的度数一般是不合理的。实际上，攻击者对攻击目标的了解通常是全面但不深入的。例如，攻击者可能了解攻击目标具有某个特定属性和某些社交关系连接等，但他不清楚该目标的其他属性，也不了解其属性个数。攻击者会通过各类综合分析从海量数据集中过滤出攻击目标以提高攻击成功的概率。如果假定攻击者仅依靠单一特征锁定攻击目标，则实际上大幅低估了攻击者的信息收集能力。因此，建立合理的攻击者能力模型也是当前隐私保护方案需要解决的问题。

社交网络匿名方案面临的重要问题是攻击者可能通过其他公开信息推测出匿名用户，尤其是用户之间是否存在连接关系。例如，可以基于弱连接对用户可能存在的连接进行预测，适用于用户关系较为稀疏的网络；根据现有社交结构对人群中的等级关系进行恢复和推测；针对微博型的复合社交网络进行分析与关系预测；基于限制随机游走方法推测不同连接关系存在的概率，等等。研究表明，社交网络的集聚特性对于关系预测方法的准确性具有重要影响，如果社交网络的局部连接密度增长，集聚系数增大，则连接预测算法的准确性也会进一步增强。因此，未来的匿名保护技术应可以有效地抵抗此类推测攻击。

大数据不仅为人们的生产生活带来了便利，也为人们带来了一定的安全挑战。随着时代的发展，人们越来越意识到隐私信息的重要性，逐渐将信息安全放在首位。但根据目前的发展状况而言，人们还有很长的路要走。要想做到真正意义上的数据安全，就必须对大数据环境中的漏洞进行分析，有针对性地进行安全与隐私保护技术的发展。对数据溯源技术、数字水印技术、身份认证技术、数据发布匿名保护技术、社交网络匿名保护技术等进行深入研究，同时建立相应的法规法律，对大数据环境进行全面保护。

练习题

一、单项选择题

1. 传统的数据安全的威胁不包括（   ）。

A. 计算机病毒   B. 黑客攻击

C．数据信息存储介质的损坏　　　　　　D．数据复制

2．下面关于大数据安全问题，描述错误的是（　　　）。

A．大数据的价值并不单纯地来源于它的用途，而更多地源自其二次利用

B．对大数据的收集、处理、保存不当，会加剧数据信息泄露的风险

C．大数据成为国家之间博弈的新战场

D．大数据对于国家安全没有产生影响

3．下面关于数据的说法，错误的是（　　　）。

A．数据的根本价值在于可以为人们找出答案

B．数据的价值会因为不断使用而削减

C．数据的价值会因为不断重组而产生更大的价值

D．目前阶段，数据的产生不以人的意志为转移

4．下面关于"棱镜门"事件描述错误的是（　　　）。

A．棱镜计划（PRISM）是一项由美国国家安全局（NSA）自 2007 年起开始实施的绝密电子监听计划

B．在该计划中，美国国家安全局和联邦调查局利用平台和技术上的优势，开展全球范围内的监听活动

C．该计划的目的是为了促进世界和平与发展

D．该计划对全世界重点地区、部门、公司甚至个人进行布控

5．下面关于政府"数据孤岛"描述错误的是（　　　）。

A．有些政府部门错误地将数据资源等同于一般资源，认为占有就是财富，热衷于搜集，但不愿共享

B．有些部门只盯着自己的数据服务系统，结果因为数据标准、系统接口等技术原因，无法与外单位、外部门联通

C．有些地方，对大数据缺乏顶层设计，导致各条线、各部门固有的本位主义作祟，壁垒林立，数据无法流动

D．即使涉及工作机密、商业机密，政府也应该毫不保留地共享数据

6．关于推进数据共享开放的描述，错误的是（　　　）。

A．要改变政府职能部门"数据孤岛"现象，立足于数据资源的共享互换，设定相对明确的数据标准，实现部门之间的数据对接与共享

B．要使不同省区市之间的数据实现对接与共享，解决数据"画地为牢"的问题，实现数据共享共用

C．在企业内部，破除"数据孤岛"，推进数据融合

D．不同企业之间，为了保护各自商业利益，不宜实现数据共享

7．下面关于大数据安全问题，描述错误的是（　　　）。

A．大数据的价值并不单纯地来源于它的用途，而更多地源自其二次利用

B．对大数据的收集、处理、保存不当，会加剧数据信息泄露的风险

C．大数据成为国家之间博弈的新战场

D．大数据对于国家安全没有产生影响

8. 当前社会中，最为突出的大数据环境是（　　）。

A. 互联网　　　　　　　　　　　　B. 自然环境

C. 综合国力　　　　　　　　　　　D. 物联网

9. 在数据生命周期管理实践中，（　　）是执行方法。

A. 数据存储和备份规范　　　　　　B. 数据管理和维护

C. 数据价值挖掘和利用　　　　　　D. 数据应用开发和管理

10. 下列关于网络用户行为的说法中，错误的是（　　）。

A. 网络公司能够捕捉到用户在其网站上的所有行为

B. 用户离散的交互痕迹能够为企业提升服务质量提供参考

C. 数字轨迹用完即自动删除

D. 用户的隐私安全很难得到规范保护

11. 下列论据中，能够支持"大数据无所不能"的观点是（　　）。

A. 互联网金融打破了传统的观念和行为　　B. 大数据具有非常高的成本

C. 大数据存在泡沫　　　　　　　　D. 个人隐私泄露与信息安全担忧

12. 数据仓库的最终目的是（　　）

A. 开发数据仓库的应用分析　　　　B. 收集业务需求

C. 建立数据仓库逻辑模型　　　　　D. 为用户和业务部门提供决策支持

13. 大数据环境下的隐私担忧，主要表现为（　　）。

A. 个人信息的被识别与暴露　　　　B. 用户画像的生成

C. 恶意广告的推送　　　　　　　　D. 病毒入侵

二、判断题

1. 对于大数据而言，最基本、最重要的要求就是减少错误、保证质量。因此，大数据收集的信息量要尽量精确。　　　　　　　　　　　　　　　　　　　　（　　）

2. 数据再利用的价值表现为：挖掘数据的潜在价值、实现数据重组的创新价值、利用数据可扩展性拓宽业务领域、优化存储设备、降低设备成本、提高社会效益、优化社会管理等。

（　　）

3. 数据仓库的最终目的是为用户和业务部门提供决策支持。　　　　　（　　）

4. 关于大数据的内涵，大数据是一种思维方式和新的管理、治理途径。　（　　）

5. 数据的来源包指所有数据。　　　　　　　　　　　　　　　　　　（　　）

第6章 云计算安全

云计算安全是云计算中重要的组成部分，同样也是云计算发展的最大障碍。信息安全要以人为本，强化管理，培养良好的管理思想，构建和完善信息安全管理体系，结合有效的技术措施，认真落实各项规章制度，为云计算构建起一道信息安全屏障。

学习本章，应掌握以下知识：

（1）理解 DDoS 攻击原理；

（2）理解 Web 应用防火墙；

（3）理解证书原理；

（4）理解 CDN 原理；

（5）掌握云安全架构体系。

6.1 云计算安全问题事件

早期的黑客攻击主要是以木马、蠕虫或其他病毒获取操作系统权限，以体现个人能力为目的，威胁网络安全。随着云计算的发展，在利益的驱使下，黑客形成一套完整的产业链，以大流量的 DDoS 攻击、篡改网站、暴力破解、窃取数据、贩卖数据为目标，变得更隐蔽，典型事件如下。

事件一，2014 年 4 月爆发了震惊互联网的 Heart bleed 漏洞，OpenSSL 不断被爆出大范围漏洞，该漏洞是近年来影响最广泛的高危漏洞，涉及各个门户网站，该漏洞可用于窃取服务器敏感信息，获取互联网交易中的用户名和密码，从而对电商、网银、金融等互联网企业和个人造成经济损失。

事件二，2016 年 5 月，俄罗斯黑客策划并实现了一场大规模的数据泄漏事故。在此次网络攻击中，黑客盗取了 2.723 亿个账号，以俄罗斯最受欢迎的电子邮件服务 Mail.ru 用户为主，此外还有 Gmail、雅虎以及微软电邮用户。据路透社称，数以亿计的数据在非法渠道出售。

事件三，2016 年的 DDoS 攻击，其中最典型的是 Dyn 事件。2016 年 10 月 21 日，提供动态 DNS 服务的 DynDNS 遭到了大规模 DDoS 攻击，攻击主要影响其位于美国东区的服务。此次攻击导致许多使用 DynDNS 服务的网站遭遇访问问题，其中包括 GitHub、Twitter、Airbnb、Reddit、Freshbooks、Heroku、Sound Cloud、Spotify 和 Shopify。攻击导致这些网站一度瘫痪，Twitter 甚至出现了近 24 小时 0 访问的状况。

事件四，国家网络与信息安全信息通报中心此前紧急通报称，2017 年 5 月 12 日 20 时左右，新型"蠕虫"式勒索病毒暴发，不法分子利用 NSA 泄露的危险漏洞"Eternal Blue（永恒之蓝）"进行传播。全球至少 150 个国家、30 万用户中毒，被感染后，受害者电脑会被黑客锁定，大量重要文件被加密，提示需要支付价值相当于 300 美元的比特币才可解锁。而如果在 72 小时之内不支付，这一数额将会翻倍，一周之内不支付将会无法解锁。

在传统的信息安全时代主要采用隔离作为安全的手段，具体分为物理隔离、内外网隔离、加密隔离，实践证明这种隔离手段针对传统 IT 架构能起到有效的防护。同时这种隔离为主的安全体系催生了一批以硬件销售为主的安全公司，产品包括各种 FireWall（防火墙）、IDS/IPS（入侵检测系统/入侵防御系统）、WAF（Web 应用防火墙）、UTM（统一威胁管理）、SSL 网关、加密机等。在这种隔离思想下，长期以来信息安全和应用相对独立地发展，结果，传统信息安全表现出分散、对应用的封闭和硬件厂商强耦合的特点。

但随着云计算的兴起，这种隔离为主体思想的传统信息安全模式在新的 IT 架构中已经日益难以应对了。公有云的典型场景是多租户共享，但和传统 IT 架构相比，原来的可信边界彻底被打破了，威胁可能直接来自相邻租户。攻击者一旦通过某 0day 漏洞实现虚拟逃逸到宿主机，就可以控制这台宿主机上的所有虚拟机。同时更致命的是，整个集群节点间通信的 API 默认都是可信的，因此可以从这台宿主机与集群消息队列交互，进而集群消息队列会被攻击者控制，导致整个系统受到威胁。

而从用户的角度来看，安全设备的开放化、可编程化将成为发展趋势，软件定义信息安全（Software Defined Infomation Security，SDIS）这个概念正是为用户的这种诉求而生。它的精髓在于打破了安全设备的生态封闭性，在尽量实现最小开放原则的同时，使得安全设备之间或安全设备与应用软件有效地互动以提升整体安全性，而非简单理解为增加了安全设备的风险敞口。SDIS 是一种应用信息安全的设计理念，是一种架构思想，这种思想可以落地为具体的架构设计。因此从信息安全自身发展来看，要建立从硬件层、网络层到应用层和主机层的多个层面的安全防御体系，才能应对未来的网络安全威胁。

云计算在各方面与传统 IT 相比发生了变化，势必产生新的问题。由于大数据的存在，云安全变得比以往更加复杂。利用大数据的分析，对用户的密码、IP、邮件等重要敏感信息进行恶意攻击、分析用户的行为等，产生恶意的行为数据库、样本库、漏洞库等，给犯罪分子提供可乘之机。

6.2 云计算带来新的安全威胁

云计算面临的主要安全威胁包括：

（1）数据泄露、数据丢失、流量劫持；

（2）大流量 DDoS 攻击、SQL 注入攻击、暴力破解攻击、木马、XSS 攻击、网络钓鱼攻击等；

（3）审计不到位、内部员工越权、滥用权利、操作失误等；

（4）云服务中断、滥用云服务、多租户隔离失败；

（5）安全责任界定不清；

（6）不安全的接口。

除了应对以上安全威胁，云计算按照不同的层面，还面临新的安全威胁与挑战。

6.2.1　网络层次

1．更容易遭受网络攻击

云计算必须基于随时可以接入的网络，便于用户通过网络接入，方便地使用云计算资源。云计算资源的分布式部署使路由、域名配置更加复杂，更容易遭受网络攻击，如 DNS 攻击和 DDoS 攻击。而对于 IaaS，DDoS 攻击不仅来自外部网络，也容易来自内部网络。

2．隔离模型变化形成安全漏洞

企业网络通常采用物理隔离等高安全手段，保证不同安全级别的组织或部门的信息安全，但云计算采用逻辑隔离的手段隔离不同企业，以及企业内部不同的组织与部门。用逻辑隔离代替物理隔离，使企业网络原有的隔离产生安全漏洞。

3．资源共享风险

多租户共享计算资源带来了更大的风险，包括隔离措施不当造成的用户数据泄露、用户遭受相同物理环境下的其他恶意用户攻击；网络防火墙/IPS（Intrusion Prevention System，入侵防御系统）虚拟化能力不足，导致已建立的静态网络分区与隔离模型不能满足动态资源共享需求。

6.2.2　主机层次

1．Hypervisor 的安全威胁

Hypervisor 是虚拟化的核心，可以捕获 CPU 指令，为指令访问硬件控制器和外设充当中介，协调所有的资源分配，运行在比操作系统特权还高的最高优先级上。一旦 Hypervisor 被攻击破解，在 Hypervisor 上的所有虚拟机将无任何安全保障，直接处于攻击之下。

2．虚拟机的安全威胁

虚拟机动态地被创建、被迁移时，虚拟机的安全措施必须相应地自动创建、自动迁移。在虚拟机没有安全措施的保护下或安全措施没有自动创建时，容易导致接入和管理虚拟机的密钥被盗，未及时打补丁的服务（FTP、SSH 等）遭受攻击，弱密码或者无密码的账号被盗用，没有主机防火墙保护的系统遭受攻击。

6.2.3 应用层次

基于云计算接口的开放性，基础设施提供商与应用提供商很可能是不同的组织，应用软件也被云调度到不同的虚拟机上分布式运行，所以应用安全必须考虑基础设施与应用软件配合后的安全能力，如果配合不好，会产生很多安全漏洞。

1. 静态数据的安全威胁

静态数据可以加密保存，如简单对象存储业务，用户通过客户端加密数据，然后将数据存储到公有云中，用户的数据加密密钥保存在客户端，云端无法获取密钥并对数据进行解密。这种加密方式提高了密钥的私密性、安全性，但限制了云对数据的处理，在某些场景下，如计算业务，云端没有数据解密密钥则无法对数据进行处理。

2. 数据处理过程的安全威胁

数据在云中处理，数据是不加密的，可能被其他用户、管理员或者操作员获取到。如果数据在用户自己的设备上处理，这种威胁将不存在。

3. 数据线索的挑战

虚拟化、热迁移、分布式处理等技术的应用，导致在不同的时间里，数据在云中的处理位置并不相同。在某一时刻，数据可能在虚拟机 A 上处理，但在另一时刻，数据可能被安排到虚拟机 B 上处理。这增大了跟踪数据线索的难度，对数据的真实性、完整性的证明都提出了更大的挑战。

4. 剩余数据保护

用户退租虚拟机后，该用户的数据就变成剩余数据，存放剩余数据的空间可以被释放给其他用户使用，如果数据没有经过处理，其他用户可能获取到原来用户的私密信息。

5. 接入安全管理

用户失去对资源的完全控制，对系统接入认证有了更高的要求和挑战。

6.3 产生云计算安全问题的主要原因

近些年来，互联网发展迅猛，有一部分人利用网络攻击牟取利益，这种攻击已经演变成完整的黑色产业链。攻击者在大流量网站的网页里注入木马，木马利用 Windows 平台的漏洞感染浏览网站的用户，用户的计算机一旦中了木马，就会被他人操控成为所谓的被控制对象，称为傀儡机，然后将傀儡机出售给需要攻击的买家。买家利用一批受控制的机器（傀儡机）向目标机器发起攻击，来势迅猛的攻击令人难以防备。

由于云计算分布式架构的特点，数据可能存储在不同的地方，在数据安全方面风险最高的是数据泄露。用户虽然能够看到自己的数据，但是并不知道数据具体保存在什么位置，并且所有的数据都是由第三方来负责运营和维护，甚至有的数据是以明文的形式保存在数据库中，数据被用于广告宣传或者其他商业目的。因此数据泄露和用户对第三方维护的信任问题是云计算安全中考虑最多的问题。虽然数据中心的内外硬件设备能够对外来攻击提供一定程度的保护，而且这种防护的级别比用户自己要高很多，但是和数据相关的安全事件还是不断发生。

从技术层面看，云计算安全体系建立不完善，产品技术实力薄弱，平台易用性较差，导致用户使用困难。从运维层面看，运维人员部署不规范，没有按照流程操作，缺乏经验，操作失误或违规滥用权利，致使敏感信息外泄。从用户层面看，用户安全意识差，没有养成良好的安全习惯，缺乏专业的安全管理；或有严格的规章制度，但不执行，造成信息外泄等。三分技术，七分管理，严格的管理制度是整个系统安全的重要保障。

6.4　在云计算安全技术层面关注的内容

6.4.1　分布式拒绝服务

网络攻击已由最初简单的 DoS 利用单台计算机攻击方式发展到现在的 DDoS 分布式拒绝服务攻击。单一的 DoS 攻击一般采用一对一的模式，在计算机性能不强、网络处理能力有限的年代，攻击效果明显。但是随着计算机技术的不断发展，计算机硬件及网络处理能力大大增强，目标机器有很强的处理能力，单一的 DoS 攻击很难实现。因此用一台计算机攻击不行，那么就用 10 台、100 台计算机同时发起攻击，这就是 DDoS。

简单地说，分布式拒绝服务 DDoS 是通过大量的合法访问请求导致目标计算机来不及响应后面的请求，造成后续访问请求不能被服务器及时回应，导致目标计算机 CPU、内存满负荷运转，应用繁忙和网络拥堵，结果在客户端造成不能访问服务器的现象。海量的 DDoS 危害是很大的，它可以直接阻塞互联网，因此具有较大的危害性。以前网络管理员对抗 DDoS 是采取过滤 IP 地址的方式，但是由于 DDoS 利用受控制的傀儡机的 IP 地址作为源 IP 地址，所以很难采用以前过滤的方式处理和追查源 IP 地址。

DDoS 攻击类型包括 SYN Flood 占用连接数类型、UDP Flood、ICMP Flood 占用带宽类型和 HTTP Get Flood、HTTP Post Flood、DNS Flood 对应用层攻击等类型。SYN 攻击的主要过程如下。

在 TCP 协议中，为保证通信双方所传输数据的完整性和有效性，采用三次握手的机制来互相确认信息，从而建立一个可靠的连接。其中，SYN 是 TCP 连接建立过程中的握手信息。SYN 攻击是指利用 TCP 协议中握手机制的缺陷来对目标主机发起攻击。

SYN Flood 攻击是利用 TCP 协议三次握手的原理，发送大量伪造源 IP 的 SYN 包。服务器每接收到一个 SYN 包，都会为此开辟核心内存用于存放连接信息，这些连接信息存放在连接队列中，这时服务器如果接收到的 SYN 太多，队列受限于连接数的最大值，便产生溢出，操作系统会把正常的连接信息丢弃，造成正常用户不能连接。操作系统的核心内存是非常有限的，所以 SYN 攻击很容易让 80 端口的 Web 服务瘫痪。

在云平台中一次 DDoS 攻击包括多种类型，如 SYN、DNS、HTTP Flood 等混合攻击，它是威胁网络安全最大的一种入侵攻击方式。阻止用户正常访问网络资源，加剧网络延迟，由此引起两方面的问题：一方面会影响用户的上网体验，另一方面也给付费的用户造成一定的损失。一旦受到 DDoS 攻击，在云计算架构中多采取如下措施：

（1）当流量进入，使用 DDoS 硬件设备进行流量清洗。

（2）当流量过大，请运营商在入口进行流量清洗，使流量不能到达数据中心。

（3）如果上游运营商也无法承受时，协调资源，在各自的范围内控制攻击流量。

还有一种攻击却反其道而行之，它以慢著称，即慢速连接攻击，这种攻击很难防范。其基本原理是先建立 HTTP 连接，设置一个较大的 Content-length，每次只发送很少的字节，让服务器一直以为 HTTP 头部没有传输完成，服务器就保持连接等待状态，这样的连接一多很快就会出现连接耗尽，从而导致拒绝服务。HTTP 慢速的 Post 请求和慢速的 Read 请求都是基于相同的原理。慢速攻击也多种多样，包括 Slow headers、Slowread 等。

6.4.2　下一代防火墙

企业网络正向以移动宽带、大数据、社交化和云服务为核心的下一代网络演进。移动 App、Web 2.0、社交网络让企业处于开放的网络环境，攻击者通过身份仿冒、网站挂马、恶意软件和僵尸网络等多种方式进行网络渗透，企业面临前所未有的安全风险，传统防火墙面对变革却无能为力。在这种情况下，下一代防火墙应需而生，面向下一代网络环境，基于"感知"实现安全管理自我优化，通过云技术识别未知威胁，高性能地为大型企业、数据中心提供以应用层威胁防护为核心的下一代网络安全服务。它和传统防火墙的主要区别如图 6-1 所示。

下一代防火墙（Next Generation Firewall，NG FW）有以下主要特点。

1. 精准的应用访问控制

（1）全面创新的下一代环境感知和访问控制。通过应用、内容、时间、用户、威胁和位置六个维度的组合，全局感知日益增多的应用层威胁，实现应用层安全防护。

（2）丰富的报表将业务状态、网络环境、安全态势、用户行为等可视化展现，让用户全方位感知，安全运营。

（3）深度融合的下一代内容安全。通过解析引擎合并，将安全能力与应用识别深度融合，防范借助应用进行的恶意代码植入、网络入侵、数据窃取等破坏行为。

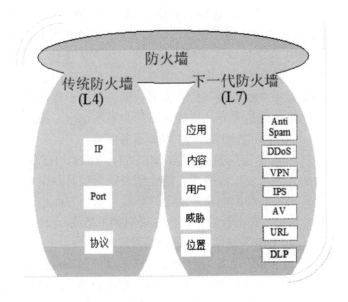

图 6-1　下一代防火墙主要功能对比

2．良好的性能体验

（1）专用软硬件平台架构。下一代防火墙采用全新架构的智能感知引擎（Intelligence Aware Engine，IAE），传统威胁检测引擎根据逐个报文进行威胁特征匹配，这种方式容易造成攻击者逃避检测。IAE 摒弃了此种方式，将报文根据会话进行重组，并进行协议解码和特征匹配，更加精准地检测各层协议中的威胁。

（2）内容检测硬件加速，提升应用层防护效率。

3．简单的安全管理

（1）根据网络中的实际流量和应用的风险，遵循最小权限控制原则，自动生成策略优化建议。

（2）分析策略命中率，发现冗余、失效的策略，有效控制策略规模，简化管理。

4．全面的未知威胁防护

（1）在云端采用沙箱技术，在模拟环境中监控可疑样本的运行行为，高效发现未知威胁。

（2）发现未知威胁后自动提取威胁特征，并迅速将特征同步到设备侧，有效防范零日攻击。

（3）准确、完善的信誉体系，防范 APT（Advanced Persistent Threat）攻击。

6.4.3　Web 应用防火墙

Web 应用防火墙是云平台中必备的安全产品，主要防御利用 SQL 脚本注入，在数据库中执行 SQL 命令，导致数据库中的数据泄露或数据不一致。Web 程序中最常见的漏洞是跨站脚本攻击 XSS（Cross Site Scripting），为了区别于网页中 CSS 样式表，而取名为 XSS。攻击者在网页中嵌入客户端脚本（如 JavaScript），当用户浏览此网页时，脚本会在用户的浏览器上执行，从而达到攻击的目的，如获取用户的 Cookie 中的用户名和密码，直接登录用户的网站。恶意 CC（Challenge Col laps ar）攻击是 DDoS 的一种，也是一种常见的网站攻击方法，是攻击者控制某些主机不停地发大量数据包给对方服务器造成服务器资源耗尽，一直到宕机崩溃。

开放式 Web 应用程序安全项目（Open Web Application Security Project，OWASP）是一个非营利性、开放的组织，其主要目标是改善 Web 应用与服务的安全性。OWASP 常见的攻击包括：失效的身份认证和会话管理、使用已知易受攻击的组件、安全配置错误、未验证的重定向和转发、不安全对象的引用。

Web 应用防火墙的主要工作原理是，当用户访问网站时，DNS 服务器返回应用防火墙集群地址，网络的访问流量被应用防火墙接管，进行安全防护和清洗，之后由应用防火墙把用户访问的流量导向真实网站地址，并通过应用防火墙对返回的结果进行防护和清洗，最后把内容返回给用户，实现访问请求和相应双向防护和清洗。

运用 Web 应用防火墙中设定的规则，针对有攻击性的行为阻拦，降低误报概率，面对大量系统的补丁升级，及时更新，避免零日漏洞，有效避免业务系统面临的用户数据泄露、网站数据被抓取、登录页面被暴力破解等常见威胁，保证业务系统的安全和可用性。

6.4.4　DNS、CDN 服务

通过 DNS 的域名解析获取 URL 对应的 IP 地址，是互联网最核心的功能。URL 是人们熟悉记录互联网地址的方式，而计算机只能识别二进制的机器语言，所以需要 DNS 把 URL 解析到具体的 IP 地址，才能获取互联网中的各种资源。

DNS 有多种方式进行域名解析。客户端与本地 DNS 服务器之间的查询称为递归查询，最后由本地 DNS 服务器返回 IP 地址给客户端；另外，本地 DNS 服务器与其他 DNS 服务器之间的查询称为迭代查询，DNS 查询的过程如下。

（1）客户端在浏览器中输入网站域名，系统会先检查本地 Hosts 文件中是否有该 IP 地址和域名的映射关系，如果有，则直接返回 IP 地址，完成对域名的解析。

（2）如果 Hosts 里没有这个域名映射的 IP 地址，则查找本地 DNS 缓存，如果缓存中保留有历史记录则直接返回，完成域名解析。

（3）如果 Hosts 与本地 DNS 缓存都没有相应的域名 IP 地址，则查找网卡参数中设置的首选 DNS 服务器，即本地 DNS 服务器，此服务器收到查询时，如果要查询的域名包含在本地的 DNS 服务器记录中，则返回解析结果给客户端，完成域名解析，此解析具有权威性。如果本地的 DNS 服务器不能解析该域名，但该服务器中缓存了此域名的 IP 地址，则返回域名解析的结果给客户端，完成解析，此解析不具有权威性。

（4）如果本地 DNS 服务器与缓存都没有相应的记录，则检查是否设置 DNS 转发器，如果没有设置 DNS 转发，则把请求发至全球 13 台根 DNS，由根 DNS 服务器处理请求，并返回一个负责.com 顶级域名服务器的 IP 地址，本地 DNS 服务器会查询.com 域的这台服务器，如果无法解析，将返回顶级.com 域名的下一级 DNS 服务器 IP 地址，本地 DNS 服务器根据返回的 IP 地址再去查询域服务器，重复上述动作，直至找到域名所对的 IP 地址，最后由本地 DNS 服务器把域名解析的 IP 地址返回给客户端，完成解析。

（5）如果本地 DNS 服务器设置转发，此 DNS 服务器就会把请求转发到指定的 DNS 服务器进行解析，如果该服务器不能解析，由该服务器查找根 DNS 服务器进行解析。不管是本地 DNS 服务器通过转发的方式获取域名的 IP 地址，还是通过根 DNS 获取到的 IP 地址，都要通过本地 DNS 服务器返回给客户端。客户端到本地 DNS 服务器是属于递归查询，DNS 服务器之间的查询属于迭代查询。

通过 DNS 对 URL 地址进行 DNS 解析后，返回机器所识别的目的地址，再根据目标地址获取该地址的网页信息。随着互联网的不断发展，访问网站的用户数量激增，访问路径过长，用户的访问质量受到严重影响。特别是当用户与网站之间的链路被突发的大流量数据拥塞时，要保证用户都能够进行高质量的访问，提高网站的响应速度、并发访问和网络负载能力，并尽量减少由此而产生的费用和网站管理压力。内容分发网络（Content Delivery Network，CDN）能帮助用户解决上述问题，提出智能 DNS 概念，把网站的内容分发到用户最近地域的镜像站点，把这些 IP 地址记录在智能 DNS 中，通过 CNAME 机制去找到用户 IP 最近的镜像站点访问。如在北京架设网站，西安的用户在访问该网站时，智能 DNS 发现这个请求的 IP 地址来自西安，就把该网站西安镜像的地址返回给客户，客户得到西安镜像 IP 地址后，直接访问该站点即可，没有必要让网络流量到达北京，再从北京的站点返回内容到西安，使客户访问网站的内容传输得更快、更稳定，从而解决 Internet 网络拥挤的状况，提高用户访问网站的响应速度。

所以在互联网中，DNS 和 CDN 是通往资源访问的桥梁，扮演着非常重要的角色，当云计算大面积不能正常提供服务时，有可能是这两个角色出现了问题所导致的，所以在云计算的架构中多采用多种形式的 DNS 和 CDN 服务，一旦发生故障，可迅速切换至另一个 DNS 和 CDN 服务提供商。

6.4.5 数字证书与加密

在云计算中，所有的通信都需要认证和加密，认证核心是要确认对方的真实身份，当确认对方的身份后，再以加密的形式进行交互。数字证书就是确认真实身份的技术实现方式。数字证书是云计算中仅次于 DNS 的重要概念，DNS 是找到对方的地址，找到对方后，要通过数字证书进行真实身份的验证，验证之后，通过对称加密算法，加密交互的信息。在客户端访问云服务的过程中，所有的交互都需要认证和加密，包括客户端以 Web 形式访问服务器、服务器与服务器之间和客户端调用云平台中的 Web Sevice 接口等，都必须要求数字证书进行验证身份的过程。这也是为什么 OpenSSL 出现漏洞会造成全世界恐慌的原因，因为我们的通信基石遭到了破坏。

数字证书分为服务器证书、电子邮件证书、个人证书、自签名证书、代码签名这五种类型。数字证书具有机密性、完整性、真实性和不可否认性等特点，在 Windows 系统中查看到的数字证书如图 6-2 所示，该证书包含以下几个重要的组成部分。

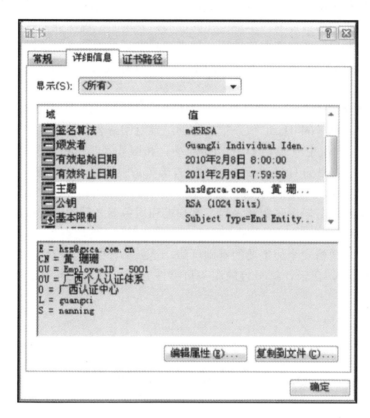

图 6-2　数字证书

（1）颁发者（Issuer），是指证书是什么机构发布的，由哪个机关创建。

（2）有效期（Valid from），是指证书的有效时间，或者说证书的使用期限。过了有效期限，证书不能使用。

（3）公钥（Publickey），RSA 公钥加密体制包含 3 个算法：KeyGen（密钥生成算法）、Encrypt（加密算法）以及 Decrypt（解密算法），公钥用于对数据进行加密，私钥用于对数据进行解密。

（4）使用者（Subject），是指证书的使用者，证书是发布给谁使用的。

（5）签名所使用的算法（Signature Algorithm），是数字证书的数字签名所使用的加密算法，签名是在证书的里面再加上一段内容，可以证明证书没有被修改过，对证书的信息进行 Hash 计算，把该 Hash 值使用签名算法加密后存放到数字证书中称为数字签名。

数字证书的基本原理是通过加密算法和公钥对内容进行加密，然后通过解密算法和私钥对密文进行解密，得到明文，由公钥加密的内容，只能由私钥的持有者解密。

下面以客户端通过 Web 方式访问服务器，在服务器端使用服务器证书进行身份识别和加密为例，简要介绍数字证书的使用过程。

（1）客户端向服务端发送 Web 页面的浏览请求。

（2）服务器向客户发送自己的数字证书，客户端读取该证书中的发布者也就是证书的颁发机构，从安装操作系统时预留在本地的信任证书列表里查找这个发布机构的根证书，如果服务器证书中颁发机构的根证书在本地信任的证书列表里面，说明证书是被信任的。然后取出根证书的公钥，利用服务器证书算法用公钥进行解密，再用指纹算法对服务器证书计算一下当前证书的 Hash 值，将该 Hash 值和服务器证书里保存的值进行对比，一致则说明该证书是合法的。

（3）客户端验证服务器的数字证书后，客户端会随机发送一个字符串给服务器，服务器用私钥去加密这个字符串的 Hash 值，把加密的结果返回给客户端，客户端用公钥解密这个字符串的 Hash 值，再次生成该字符串的 Hash 值，和服务器返回的 Hash 值进行对比，如果与之前生成的随机字符串的 Hash 一致，说明对方确实是服务器证书的持有者。

（4）客户端验证服务器的真实身份后，客户端生成一个对称加密算法和密钥，并用公钥加密发送给服务器，服务器用私钥解密后，客户端和服务器之后的通信就使用该对称加密算法和密钥进行加密和解密。

数字证书是保证通信安全最重要的基础屏障，是云平台中安全应用最广泛的技术之一，和业务服务密切相关，在云计算平台的服务可靠性方面，很多服务中断都和数字证书有关系。

6.5 云计算安全基本架构

在云计算中，主要面临如下安全威胁：数据泄露、数据丢失、流量劫持、大流量 DDoS 攻击、SQL 注入攻击、暴力破解攻击、木马、XSS 攻击、网络钓鱼攻击、云服务中断、滥用云服务、多租户隔离失败、安全责任界定不清、不安全的接口、审计不到位、内部员工越权、滥用权利和操作失误等。为应对上述安全风险，需要在数据层、应用层、主机层、网络层等各个层面进行安全的防护，建立起一整套的云计算安全体系架构为云计算保驾护航。基本架构如图 6-3 所示。

在数据层方面，需要对数据库完成实时备份、多个副本、异地容灾、主备镜像，数据在持久化保存时需要对敏感信息进行加密保存。

在应用层方面，需要通过数字证书识别对方的真实身份，验证通过后需要对传输的数据进行对称加密。通过应用防火墙防御 SQL 注入、木马上传、服务器插件漏洞、过滤恶意消耗网站资源的 CC 攻击，并对 IP 进行屏蔽、非授权核心资源的访问、零日漏洞防护，以防护黑客的定向攻击。Web 应用防护 OWASP 常见威胁和避免注入类的攻击导致数据泄露、防止用户注册及登录页面的多次刷新，防止访问网站的手机用户数据泄露，短信流量被恶意消耗、避免恶意网站爬虫软件获取网站的数据、延缓对登录页面的暴力破解，获取用户名和密码进入业务系统内部。对敏感信息的识别如文字、声音、视频、图片、过滤垃圾广告和数据合规性进行监控，以净化网络，支持传媒等业务的需求。

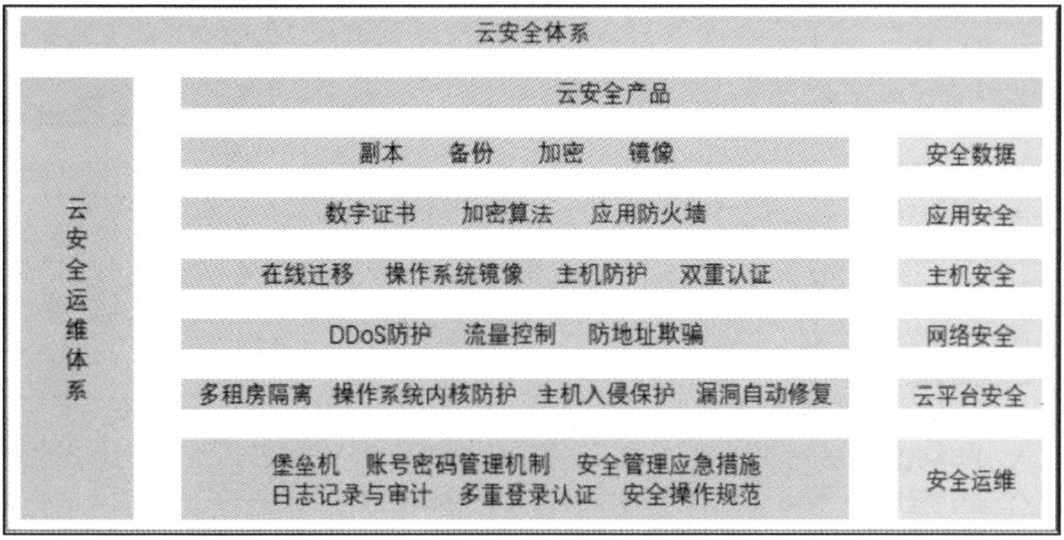

图 6-3　云计算安全架构

在服务器层面，需要对登录进行双重认证、对所有服务器补丁需要统一管理，及时更新补丁，对单台服务器的补丁状态进行监控，对没有及时打上补丁的服务器及时报警，及时通知用户等；通过智能引擎对木马实时、精准查杀，包括文本、二进制文件、脚本等，并对高危文件进行主动隔离，实时通知用户。防止密码暴力破解，支持 SSH、RDP、FTP、MySQL 和 SQLServer 等应用暴力破解、异常登录报警，识别异地、异常登录行为，对该行为实时通知用户；对端口、账号、进程、日志文件异常的监控和报警；对服务器中的操作系统备份、在线迁移等。

在网络层面，通过对 DDoS 的攻击，让目标地址无法提供正常的服务，是最强大、最难防御的攻击方式之一。近些年来 DDoS 的攻击水平迅速上升，直接威胁着整个互联网的安全。采用 DDoS 防御功能，可有效抵御各种类型和不同层面的 DDoS 攻击，包括 DNS QueryFlood、NTP Reply Flood 等攻击，依据大数据实现自动检测和自动匹配技术，清洗 DDoS 攻击，保护业务服务不受影响。

在云平台层面，多租户的隔离是实现用户数据安全隔离的重要方式之一，在设计云计算的架构中，租户的隔离是必须考虑的技术问题，它从基础架构层、网络层、应用层等各个层面对租户数据提供隔离机制，确保不同用户之间数据的私密性。

在运维层面，运维人员使用多重认证通过堡垒机登录云平台，堡垒机的作用是和云平台中的业务系统隔离，避免运维人员直接登录云平台系统，而且所有指令操作在堡垒机中均有日志并可追溯查询，从而为更好地规划和设计安全策略起到安全隔离的作用。在云计算的各个层面都需要安全的防护，它扮演着非常重要的角色，是维系整个信息安全的基石。

练习题

一、单项选择题

1. 云计算是对（　　）技术的发展与运用。

A. 并行计算　　　　　　　　　　　　B 网格计算

C 分布式计算　　　　　　　　　　　D 三个选项都是

2. 从研究现状上看，下面不属于云计算特点的是（　　）。

A. 超大规模　　　　　　　　　　　　B. 虚拟化

C. 私有化　　　　　　　　　　　　　D. 高可靠性

3. 将基础设施作为服务的云计算服务类型是 IaaS，其中的基础设施包括（　　）。

A. 网络资源　　　　　　　　　　　　B. 内存资源

C. 应用程序　　　　　　　　　　　　D. 存储资源

4. 关于虚拟化的描述，不正确的是（　　）。

A. 虚拟化是指计算机元件在虚拟的基础上而不是真实的基础上运行

B. 虚拟化技术可以扩展硬件的容量，简化软件的重新配置过程

C. 虚拟化技术不能将多个物理服务器虚拟成一个服务器

D. CPU 的虚拟化技术可以实现单 CPU 模拟多 CPU 运行，允许一个平台同时运行多个操作系统

5. 云计算作为中国移动蓝海战略的一个重要部分，于 2007 年由移动研究院组织力量，联合中科院计算所，着手起步了一个叫作（　　）的项目。

A. "国家云"　　　　　　　　　　　　B. "大云"

C. "蓝云"　　　　　　　　　　　　　D. "蓝天"

6. 下列关于公有云和私有云描述不正确的是（　　）。

A. 公有云是云服务提供商通过自己的基础设施直接向外部用户提供服务

B. 公有云能够以低廉的价格，提供有吸引力的服务给最终用户，创造新的业务价值

C. 私有云是为企业内部使用而构建的计算架构

D. 构建私有云比使用公有云更便宜

7. 关于云管理平台描述正确的是（　　）。

A. 云管理平台为业务系统提供灵活的部署、运行与管理环境

B. 屏蔽底层硬件和操作系统的差异

C. 为应用提供安全、高性能、可扩展、可管理、可靠和可伸缩的全面保障

D. 云管理不涉及虚拟资源的管理

8. 下列关于云存储的描述不正确的是（　　）。

A. 需要通过集群应用、网格技术或分布式文件系统等技术实现

B．可以将网络中大量各种不同类型的存储设备通过应用软件集合起来协同工作

C．"云存储对于使用者来讲是透明的"，也就是说使用者清楚存储设备的品牌、型号的具体细节

D．云存储通过服务的形式提供给用户使用

9．在线开发平台 Google APP Engine 属于下列哪一个范畴？（　　　）

A．公有云　　　　　　　　　　　　B．私有云

C．混合云　　　　　　　　　　　　D．都不是

10．（　　　）与 SaaS 不同的，这种"云"计算形式把开发环境或者运行平台也作为一种服务给用户提供。

A．软件即服务　　　　　　　　　　B．基于平台服务

C．基于 WEB 服务　　　　　　　　D．基于管理服务

二、多项选择题

1．目前，在国内已经提供公共云服务器的商家有（　　　）。

A．腾讯　　　　　　　　　　　　　B．华为

C．中国移动　　　　　　　　　　　D．阿里巴巴

2．未来云计算服务面向哪些客户？（　　　）

A．个人　　　　　　　　　　　　　B．企业

C．政府　　　　　　　　　　　　　D．教育

3．云安全主要的考虑的关键技术有哪些？（　　　）

A．数据安全　　　　　　　　　　　B．应用安全

C．虚拟化安全　　　　　　　　　　D．客户端安全

4．"云"服务影响包括（　　　）。

A．理财服务　　　　　　　　　　　B．健康服务

C．交通导航服务　　　　　　　　　D．个人服务

5．云是一个平台，是一个业务模式，给客户群体提供一些比较特殊的 IT 服务，分为（　　　）三部分。

A．管理平台　　　　　　　　　　　B．服务提供

C．构建服务　　　　　　　　　　　D．硬件更新

三、判断题

1．所谓云计算，就是一种计算平台或者应用模式。　　　　　　　　　　　（　　　）

2．云计算可以有效地进行资源整合，解决资源闲置问题，提高资源利用率。（　　　）

3．云计算服务可信性依赖于计算平台的安全性。　　　　　　　　　　　　（　　　）

4．互联网就是一个超大云。　　　　　　　　　　　　　　　　　　　　　（　　　）

5．存储虚拟化的原理是利用高性能存储平台作为一级存储，其他存储作为二级存储，统一构建一个存储池，其内部数据可以自由"流动"，前端业务不感知。　　　　　（　　　）

6．随着云计算的发展和推动，云桌面一定会代替传统本地桌面。　　　　　（　　　）

7. 云计算产业链中的"造云者"角色是云服务提供商。 （　　）

四、简答题

1. 云计算中面临哪些安全问题？
2. 简述 DDoS 的攻击原理。
3. 简述 CDN 的工作原理。

参考文献

[1] 林康平，王磊．云计算技术[M]．北京：人民邮电出版社，2017．

[2] 周奇，张纯．大数据技术基础应用教程[M]．北京：清华大学出版社，2020．

[3] 陈铁明．网络空间安全实战基础[M]．北京：人民邮电出版社，2018．

[4] 赖小卿，杨育斌．网络攻防技术实训教程[M]．北京：清华大学出版社，2014．

[5] 陈启安，滕达，申强．网络空间安全技术基础[M]．厦门：厦门大学出版社，2017．

[6] 陈铁明．网络空间安全通识教程[M]．北京：人民邮电出版社，2019．

[7] 曹春杰，吴汉炜．网络空间安全概论[M]．北京：电子工业出版社，2019．

[8] 王顺．网络空间安全实验教程[M]．北京：机械工业出版社，2020．

[9] 腾讯安全联合实验室．腾讯移动安全实验室 2018 年手机安全报告[EB/OL]．https://m.qq.com/security_lab/news_detail_489.html．2019-01-03．

附录　课后练习题参考答案

第1章　网络空间安全概述

一、简答题

1. 网络空间安全定义是什么？

由互联网、通信网、计算机系统、自动化控制系统、数字设备及其承载的应用、服务和数据等组成的相关安全。

2. 网络空间威胁有哪些因素？

网络安全威胁既包括环境因素和灾害因素，也包括人为因素和系统自身因素。

3. 网络安全存在的几种主要威胁？

1）失泄密

失泄密是指电脑网络信息系统中的信息，尤其是敏感信息被非授权用户通过侦收、截获、窃取或分析破译等手段恶意获得，造成信息泄露的事件。

2）信息破坏

信息破坏是指计算机网络信息系统中的信息，由于偶然事故或人为破坏，被恶意修改、添加、伪造、删除或者丢失。

3）电脑病毒

计算机病毒是指恶意编写的对计算机功能、计算机数据及计算机使用造成不利影响，并且能够自我复制的一组计算机程序代码。

4. 计算机病毒有哪些特点？

（1）寄生性；

（2）繁殖力强；

（3）潜伏期特别长；

（4）隐蔽性高；

（5）破坏性强；

（6）具有可触发性。

二、选择题

1. C　　2. B　　3. C　　4. B　　5. C

第2章　网络空间的基本构成

一、单项选择题

1. B　　2. B　　3. B　　4. A　　5. A
6. D　　7. B　　8. A　　9. D　　10. D
11. A　　12. C　　13. D　　14. A　　15. B
16. B　　17. A　　18. C　　19. D　　20. A
21. D　　22. D　　23. C　　24. B　　25. A
26. C　　27. B　　28. A　　29. C　　30. A
31. C　　32. B　　33. D　　34. B　　35. B
36. C　　37. C　　38. B　　39. B　　40. C
41. A　　42. D　　43. D　　44. A　　45. B
46. B　　47. C　　48. A　　49. C　　50. C
51. A　　52. D　　53. D　　54. C　　55. C
56. C　　57. A　　58. C　　59. D　　60. D
61. A　　62. C　　63. B　　64. C　　65. B
66. C

二、多项选择题

1. BD　　2. ABCD　　3. ACD　　4. AB　　5. BC
6. ABC　　7. ABD　　8. ABCD

第3章　网络空间信息安全

一、单项选择题

1. B　　2. B　　3. C　　4. D　　5. A
6. C　　7. D　　8. C　　9. C　　10. C
11. D　　12. B　　13. A　　14. C　　15. B
16. D　　17. C　　18. D　　19. D　　20. C

二、多项选择题

1. ABCD   2. ABD   3. ACD   4. ACD   5. ACD
6. ABCD   7. ABCD   8. BCD   9. CD   10. ABCD

三、判断题

1. 错   2. 错   3. 对   4. 对   5. 对
6. 对   7. 对   8. 错   9. 对   10. 对
11. 对   12. 对   13. 对   14. 对   15. 对
16. 对   17. 对   18. 对   19. 错   20. 对

第4章　密码学基础和应用

一、单项选择题

1. B   2. B   3. D   4. A

二、多项选择题

1. DE   2. ABC   3. CD   4. ACD   5. ABC

第5章　大数据安全

一、单项选择题

1. D   2. D   3. B   4. C   5. D
6. D   7. D   8. A   9. B   10. C
11. A   12. D   13. A

二、判断题

1. 错   2. 错   3. 对   4. 对   5. 错

第6章　云计算安全

一、单项选择题

1. D　　2. C　　3. C　　4. C　　5. B
6. D　　7. D　　8. D　　9. A　　10. B

二、多项选择题

1. ABCD　　2. ABCD　　3. ABC　　4. ABCD　　5. ABC

三、判断题

1. 错　　2. 对　　3. 对　　4. 对　　5. 对
6. 错　　7. 错

四、简答题

1. 云计算中面临哪些安全问题?

(1) 数据泄露、数据丢失、流量劫持;

(2) 大流量 DDoS 攻击、SQL 注入攻击、暴力破解攻击、木马、XSS 攻击、网络钓鱼攻击等;

(3) 审计不到位、内部员工越权、滥用权利、操作失误等;

(4) 云服务中断、滥用云服务、多租户隔离失败;

(5) 安全责任界定不清;

(6) 不安全的接口。

2. 简述 DDoS 的攻击原理。

分布式拒绝服务(Distributed Denial of Service , DDoS)攻击指借助于客户/服务器技术,将多个计算机联合起来作为攻击平台,对一个或多个目标发动 DoS 攻击,从而成倍地提高拒绝服务攻击的威力。通常,攻击者使用一个偷窃账号将 DDoS 主控程序安装在一个计算机上,在一个设定的时间,主控程序将与大量代理程序通信,代理程序已经被安装在 Internet 上的许多计算机上。代理程序收到指令时就发动攻击。利用客户/服务器技术,主控程序能在几秒钟内激活成百上千次代理程序运行。

3. 简述 CDN 的工作原理。

(1) 当用户点击网站页面上的内容 URL,经过本地 DNS 系统解析,DNS 系统会最终将域名的解析权交给 CNAME 指向的 CDN 专用 DNS 服务器。

(2) CDN 的 DNS 服务器将 CDN 的全局负载均衡设备 IP 地址返回用户。

(3) 用户向 CDN 的全局负载均衡设备发起内容 URL 访问请求。

(4) CDN 全局负载均衡设备根据用户 IP 地址,以及用户请求的内容 URL,选择一台用户所属区域的区域负载均衡设备，告诉用户向这台设备发起请求。

（5）区域负载均衡设备会为用户选择一台合适的缓存服务器提供服务，选择的依据包括：根据用户 IP 地址，判断哪一台服务器距用户最近；根据用户所请求的 URL 中携带的内容名称，判断哪一台服务器上有用户所需内容；查询各个服务器当前的负载情况，判断哪一台服务器尚有服务能力。基于以上这些条件的综合分析之后，区域负载均衡设备会向全局负载均衡设备返回一台缓存服务器的 IP 地址。

（6）全局负载均衡设备把服务器的 IP 地址返回给用户。

（7）用户向缓存服务器发起请求，缓存服务器响应用户请求，将用户所需内容传送到用户终端。如果这台缓存服务器上并没有用户想要的内容，而区域均衡设备依然将它分配给了用户，那么这台服务器就要向它的上一级缓存服务器请求内容，直至追溯到网站的源服务器将内容拉到本地。